Social Good 小事典

<small>ソーシャル
グッド</small>

<small>グローバル・キュレーター</small>
市川裕康

講談社

はじめに

 この本を手にとって頂き、有り難うございます。
 本書は、講談社のニュースサイト「現代ビジネス」の中で、「ソーシャルビジネス最前線」というタイトルで2009年7月から約2年間、合計100本近く寄稿した記事の中から、どうしても多くの方に伝えたいと思った70本弱の記事をまとめ、再構成した形のものです。
 「ソーシャルビジネス最前線」というタイトルには2つの意味が込められていました。事業を通じて直接的に社会的課題の解決を目指す「ソーシャルビジネス」のこと、そして一方で急激な拡大の予兆を見せていたツイッター、フェイスブックを代表とする「ソーシャルメディア」を活用したビジネスについて取り上げてレポートすることを想定していたのです。
 今回改めて今までに取り上げたテーマを見返してみて、その領域の幅広さに戸惑いました。大まかなキーワードを取り上げただけでも生活、ビジネス、行政、チャリティのあらゆる分野にわたります。
 教育、医療、NPO、チャリティ、選挙、外交、防災、行政サービス、革命、デモ活動、アクティビズム・キャンペーン、企業の社会貢献型マーケティング、メディア・ジャーナリズムのあり方、働き方、ボランティア、寄付、コワーキング・スペース、シェア経済……。
 執筆当初は予想もしていなかったような大事件が次々起こり、それらの事件の中では、ソーシャルメディアが無視出来ない役割

を果たしていました。それは中東のアラブの春、東日本大震災を始めとする世界各地の自然災害、経済・ビジネス環境が変化する中で変容を余儀なくされる企業や個人、そういった既存の枠組みでは解決出来ない課題に対して次々と生まれる非営利団体や自発的な組織・コミュニティの姿でした。

　こうした事象を本書の中では「アクティビズム」「社会リスク対応」「メディア」「お金」「オープンビジネス」「組織より個人」というカテゴリーに分け、ひとつひとつを丁寧に読み解いていきたいと思います。

　今回一冊の書籍としてこれらの事象をお伝えする際、絶え間なく変化する社会に対し「少しでもよい社会にしていこうとする取り組み」、また「歪みを是正する動き」の総称として、「ソーシャルグッド」という言葉を使用することにしました。

「ソーシャルグッド（Social Good）」を直訳すれば「社会」と「よいこと」です。今までは、例えばNPO、チャリティ、CSR、サステナビリティ、ボランティアと呼んでいたような枠組みや行為が、もはや一言で表現出来ないような状況になってきていることから、この「ソーシャルグッド」なる言葉が、「社会によい行為」を広く意味する形容詞として欧米圏を中心とした海外において簡易的に使われているように感じます。その際、ソーシャルメディア等のテクノロジーの効果的な利活用への注目、力の入れようは、日本で生活をしている多くの人にとって想像を超える程であると感じます。

　私は過去7年程の期間、アメリカの東海岸(ニューヨーク、ワシントン、ボストン近郊)に滞在した経験があり、思いがけずこうした「ソーシャルグッド」とテクノロジーの活用という組み合わせに、1990年代半ばから体感的に触れる機会に恵まれました。

　1994年、当時米国で留学生だった際、ニューヨークのマンハッタンで革新的な方法でホームレス問題の根絶に取り組む非営利団体「コモングラウンド」において1ヵ月間、住み込みでのインターンシップを経験しました。今でこそ社会起業家という言葉は一般的に知られるようになりましたが、当時ニューヨーク市や大手投資銀行等から資金を調達して低価格の住居を提供しつつ、スターバックス コーヒーやアイスクリームチェーン(ベン&ジェリーズ)と提携して元ホームレスの人々に雇用の機会を提供するという「ビジネスモデル」を目の当たりにして、大きな衝撃を受けたことを今でも思い出します。

　一方、1995年に創刊され、イノベーションやテクノロジー等の先端的なトレンドを取り上げ続ける「ファスト・カンパニー」という米国のビジネス雑誌を、創刊時から購読する機会を得たことも、今回の執筆活動をする大きなきっかけとなりました。ファスト・カンパニーの創刊号の表紙には「Work Is Personal. Computing Is Social. Knowledge Is Power. Break the Rules (仕事はより個人的なものとなり、コンピューティングはよりソーシャルなものになり、知識が力を持つようになった今、ルールを破れ)」と宣言されており、今まさにかつてより深い意味

を持って当時のメッセージが日々の生活、ビジネスに当てはまることを感じます。
　私自身も日々激しく変化する社会の中で、手探りで意味付けを試みている途上ですが、本書によって多くの方に会話のきっかけが生まれ、一人ひとりにとっての「ソーシャルグッド」の変化を理解する一助として活用頂ければ、大変光栄に思います。

　　　　　　　　　　　　　　　　　2012年6月　市川裕康

CONTENTS

はじめに　　002

第1章 Activism
アクティビズム　　010

1. 『Us Now（アス ナウ）』が語るオンライン・マスコラボレーション　012
2. 「エジプト革命」とソーシャルメディア　016
3. 「エジプト 2.0」～エジプトの新しい民主社会構築　022
4. ロンドン暴動後のソーシャルメディア・キャンペーン　026
5. 「ウォール街占拠デモ」でソーシャルメディアが果たした役割　030
6. オープンソース型ムーブメントとしての「ウォール街占拠デモ」　034
7. 新しいネット選挙の形　038
8. アクティビズム・キャンペーン「KONY2012」から何を学ぶか　044
9. ソーシャル・アクション　署名プラットフォーム　050

第2章 Social risk management
社会リスク対応　　054

1. ケニア発の位置関連情報集約サイト「ウシャヒディ（Ushahidi）」　056
2. ニュージーランド地震にみるソーシャルメディア活用法　060
3. 被災地で感じたソーシャルメディアの責務と可能性　066
4. 震災とソーシャルメディア　072
5. 災害対策とソーシャルメディア　076
6. 米国赤十字社の災害時におけるソーシャルメディア活用法　080
7. ウェブ技術者と地域行政の出会い～「コード・フォー・アメリカ」　084
8. ビッグデータ・フォー・グッド　088
9. 話題のビジネス系SNS、リンクトイン（LinkedIn）の新機能　092
10. 「プロボノ」とNPOを繋ぐ「キャッチアファイヤー（Catchafire）」　096
11. 世界で広がりを見せる「マイクロ・ボランティアリズム」　100
12. 『ツイッター・フォー・グッド』が語るT.W.E.E.T.戦略とは　104

第3章 Media メディア 108

1. 災害時に必要なキュレーション・メディア 110
2. ソーシャル・キュレーション・サービスの潮流 114
3. ソーシャルメディアが繋ぐ米同時多発テロの記憶 118
4. アイスランド火山体験談にみる新しい出版の形 122
5. 絶大なるリンク誘導をもたらす「ドラッジ・レポート」とは? 126
6. ソーシャルメディア・ニュースサイト「マッシャブル(Mashable)」とは? 130
7. ジャーナリズムの未来を担うキュレーション・サービス 134
8. 誰もが編集者の時代「スクープイット(Scoop.it)」 136
9. ツイッターTV! 140
10. ツイッターとテレビ視聴の統合を占う「スーパーボウル」 144
11. 出版社がポータル提供、著者がマーケターの時代に 148
12. 「学び曲線の共有」による新ジャーナリズムの可能性 152

第4章 Finance お金 158

1. オンラインで教室へ直接寄付する「ドナーズチューズ」 160
2. 誰もがファンドレイザーになれるオンライン寄付の進化 164
3. 米国オンライン寄付市場とNPO支援ソフト会社 172
4. 広がる海外セレブとチャリティとの関係 176
5. ホワイトハウスが推進する「インパクト・エコノミー」 180
6. 新しい資金調達のプラットフォーム、「クラウドファンディング」 184

CONTENTS

第5章 Open business オープンビジネス　188

1. 検証「ペプシ・リフレッシュ・プロジェクト」　190
2. ソーシャルメディア投票で寄付先を決める試み　194
3. 米・母親世代の92%「社会・環境を支援する商品」購入希望　198
4. 新興国市場で拡がる「社会貢献消費」　202
5. みんなのアイディアで「世界を変える」新プラットフォーム　206
6. コネクトがキングとなる時代　210
7. ソーシャルメディアと同窓会コミュニティ　214
8. オンライン同窓会運営とコミュニティマネージャー　218
9. 社会課題の解決にも活用される「ゲーミフィケーション」　224
10. 遊びながらリアルな社会貢献をする「ウィートピア(WeTopia)」　228
11. ドキュメンタリー映画と連動するキャンペーン活動　232
12. 世界初、学費無料のオンライン大学　234
13. 教室2.0〜教師と生徒の安全な教育系SNS　238
14. 誰もが先生に、生徒になれる「スキルシェア」　242
15. 有名大学の学位をオンラインで取得　246
16. デジタル時代の問題解決型教育プログラムの試み　250
17. 病院におけるソーシャルメディア活用最前線　254
18. 「慈善」と「投資」の間にあるもの　258
19. ソーシャルメディアで世界の社会課題解決へ　264
20. オックスフォード大学発、世界の社会起業家が集うフォーラム　268
21. FLUX（絶え間ない変化）時代に求められるコラボレーション　272
22. 改めて問う。「ソーシャルグッド」とは？　276

第6章 Individual > Organization
組織より個人　282

1. 世界で拡がる「コワーキング・スペース」 　284
2. 「コワーキング・カンファレンス」開催、拡がるムーブメント 　288
3. 産業育成を目指すロンドンの新コワーキング・スペース 　292
4. 今求められる新しい出会い、学び、コミュニティの形 　296
5. ソーシャルメディア時代の「共感」イベント 　300
6. 癌患者さん、家族をつなげる支援コミュニティ 　304
7. 個人の命を救うソーシャルメディア活用法 　308
8. 難病に挑む「eペイシェント(e患者)」という考え方 　312

おわりに　316

Chapter 1

011

Activism

第1章 アクティビズム

012

Activism

『Us Now（アス ナウ）』が語る
オンライン・マスコラボレーション

　2011年のエジプト民主革命や世界各地で起こりつつある地震等の自然災害への対応を見ていると、ソーシャルメディアの役割が拡大していることを感じます。

　遠い国々で次々と起きる現象をリアルタイムに目の当たりにして、その全体像、また背景となっている価値観の変化を理解しようとする時、2009年に公開されたイギリスのドキュメンタリー映画、『Us Now（アス ナウ）』（写真1）のことを思い出します。

『Us Now』とは

　2009年に英国で製作された『Us Now』は、インターネット、ソーシャルメディアのツールにより可能になったオンライン・マスコラボレーション（多数の人による協業）が拡がることで、私たちの生活、文化、政治や経済のあり方が大きく変わりつつある様子を、豊富な例を交えて描いたドキュメンタリー映画です[*1]。

　製作から3年以上経っているにもかかわらず、全く色褪せることない説得力を持っており、今起きている事象の理解を深めるヒントを提供してくれます。

　『Us Now』では、インターネットを利用した様々な分野でのマスコラボレーションが起きている様子を詳細に描き、大きなテーマとして、「今政府の役割を再定義する必要があるのではないか？」と、問いかけています。

　ドン・タプスコット氏（『ウィキノミクス　マスコラボレーション

による開発・生産の世紀へ』共著者)、クレイ・シャーキー氏(『みんな集まれ！ ネットワークが世界を動かす』著者)らのソーシャルメディアの専門家が登場し、分かりやすい言葉で、以下のような様々な事象・現象の意味を解説しています。

作品中取り上げられているウェブサービス、事例

「カウチサーフィン（CouchSurfing）」
　海外旅行などをする人が、他人の家に宿泊させてもらうことを可能にする、相互的な思いやりや信頼に基づくウェブ・プラットフォームサービス。2003年に始まったプロジェクトで、今日世界中の246もの国と地域に、400万人以上の会員を持つ。映画の中では19歳のアメリカ人エリックが初めて英国を訪れる様子を追いかけています。

「エブスフリート・ユナイテッド・フットボール・クラブ
(Ebbsfleet United Football Club)」
　2007年11月に英国のサッカーファンが運営するサイト「マイフットボールクラブ」により買収された、ファンにより所有、運営が行われているサッカークラブ。約2万6000人のサイト会員から一人年間35ポンドが集められ、チームの経営権を取得し、選手の人気投票や理想のチーム編成等をオンライン上で募り、チームの采配に反映させる、ということでスタートしました。映画の中ではファンのチームへの想い、一体感が描かれています。

「ゾーパ（Zopa）」
　2005年に英国で設立された、お金の貸し手と借り手を直接インターネット上で結びつける、「ソーシャルレンディング」サービスを提供する会社。映画の中では実際のパソコン画面を見ながら、何処に住んでいる、何歳くらいの人がお金を貸してくれるのかが可視化される様子が紹介され、個人間の、信頼に基づいた経済のしくみが生まれつつある様子が描かれています。

　その他、子育ての悩みを共有する「マムズネット」、ミュージシャンとファンを繋ぐ「スライス・ザ・パイ」、地方行政プログラムの予算配分を市民参加型で行う非営利団体のプログラム、無記名投票で社会変革のためのアイディアを募るサイト「ザ・ポイント・ドット・コム（The Point.com）」（グルーポン創業者、アンドリュー・メイソン氏が2007年に設立）等、盛りだくさんの事例が紹介されています。

オンライン・マスコラボレーションの限界と可能性

　映画の中で熱狂的に紹介されているサッカーチーム、「エブスフリ

ート・ユナイテッド」は、サッカーゲームの現実版を彷彿させ、プロスポーツチームとファンとの新しい関係性を感じさせてくれます。実際、世界中で同様の試みも広がるきっかけとなりました。
　ただ、2010年秋のBBCの取材記事によると、当初約2万6000人いた有料会員数は2010年9月の時点では3500人にまで減少、チームの成績も当初5部リーグだったのがその後1ランク落ち、6部リーグで低迷してしまっていたとのことです。多様な意見を持ったネット上のファンからのアイディアや希望をチーム運営に持ち込むことの難しさを、その記事は指摘していました。
　一方、映画冒頭で紹介されていた「カウチサーフィン」は取材当時の会員数が50万人程度だったのに対し、8倍以上に規模が拡がり、世界中の旅人に利用されるサービスとなっています。「ゾーパ」も順調に会員数を伸ばし、2012年5月には融資総額2億ポンド（約250億円）を超え、英国のリテール融資市場の約2％を担う規模にまで成長しています。
　『Us Now』の中では、オンライン・マスコラボレーションにより社会のあり方が根本から変わる、と楽観的に描かれている面もありますが、同時にユートピア的に盲信することに警鐘を鳴らしてもいます。変化が激しい今日、バランス感覚を持って時代を見る目と大局観が成功と失敗を分ける大きなポイントであることを、この作品を通して知ることができます。

*[1] 現代ビジネス「ソーシャルビジネス最前線」（2011年3月11日）の記事の中で日本語字幕版の視聴が可能です。

「エジプト革命」と
ソーシャルメディア

　2011年2月11日、エジプトで30年近い独裁政権を続けたムバラク大統領がエジプト市民の力により辞任に追い込まれるという、歴史的な「エジプト民主革命」が起こりました。

　この「革命」の過程でツイッター、フェイスブック等のソーシャルメディアが果たした役割について、世界中で大きな関心をもって報じられました。ムバラク大統領辞任までたった18日間というスピードで事態が進展した大きな要因として、一般市民、特に若者がソーシャルメディアを活用したこと、それによって情報・共感の伝播が加速したことは多くの人が認める事実です。

　ただ、様々なソーシャルメディアのツールが、実際どのように活用されたのか、その具体的な姿はなかなか伝わってこなかったように感じます。そこで、ここではいくつかの具体例を振り返りながら、その活用法や効果について掘り下げてみたいと思います。

ソーシャルメディアはどのように使われたのか？

　エジプトでの反政府デモ活動は、ムバラク独裁政権の圧政、腐敗、警察の不当暴力行為等に業を煮やした若者たちが、1月のチュニジア政変劇に刺激を受け、有志が運営するフェイスブックページ（旧ファンページ）を媒介に反政府活動への気運が高まったことが発端でした。

　そのフェイスブックページの名前は、「We are all Khaled Said（私たちは皆ハレド・サイードである）」でした。2010年6月にエジ

プト北部アレクサンドリアのネットカフェで警察官の暴行を受け亡くなり、圧政による理不尽な犠牲者の象徴となった28歳の青年を偲びつけられたものでした。

　2010年から2011年にかけてチュニジアで起きた政変（「ジャスミン革命」）の頃には、既にこのアラビア語のフェイスブックページの「ファン」として約50万人が登録しており、重要な民主化運動のプラットフォームになっていました（写真1）。2012年2月の時点ではアラビア語サイトに約80万人、英語サイトにも約8万人が登録していました。

　ハレド・サイード氏が警察官に撲殺されたことにちなみ、エジプトで「警察の日」でもある1月25日が初めての反政府デモ決行日として設定され、フェイスブック内で具体的な時間、場所等の情報が起点として決まりました。

　2011年1月25日には少なくとも1万5000人程が集まり、18日間に及ぶ反政府活動の大きなきっかけを生み出しました。ただし、民主化運動のプロセスの中で、フェイスブックやツイッターは政府の圧力により遮断され（1月25日〜2月2日）、脆弱性を垣間見せる場面もありました。

ただ、市民はその間、プロキシサーバーを利用してアクセスをしたり、メーリングリストの活用やリーフレットの配布、電話等、様々な代替策を駆使した結果、政府もインターネットアクセスを再開せざるを得ない状況となりました。なぜなら、政府の民意を読み違えたネット遮断という行為が、市民の怒りを更にかき立て、民主化運動により拍車をかける結果となったからです。

なお、エジプト国内の総人口約8000万人のうち、フェイスブック利用者数は当時の統計によると約520万人（人口比6.5％、インターネット利用者の約3割）と言われていました。世代別構成を見ると、18歳から24歳が半分、18歳〜34歳で約8割を占めます。国民の平均年齢が24歳のエジプトにおいて、まさに若者を中心としたコミュニケーションツールであったことが分かります（統計分析サイト「ソーシャルベーカーズ」調べ）。

ツイッターの「ハッシュタグ」での情報拡散

「We are all Khaled Said」のフェイスブックページは、主にアラビア語で情報がやりとりされていました。一方で、エジプト以外の世界中の人々、そしてアルジャジーラ、CNN等の主要グローバルメディアに対する情報拡散を可能にしたのがツイッターでした。

初めて行われた反政府デモの日（1月25日）にちなみ設定されたハッシュタグ「#jan25」、あるいは「#egypt」は、言語、地域、時間を超え、デモ活動の状況をリアルタイムで世界中の人々に届けることを可能にしたのです。

例えば、「We are all Khaled Said」の管理人であり、「革命」の成功に大きな役割を果たしたとされるグーグル社ドバイ支社勤務、中東・北アフリカ地域マーケティング責任者、ワエル・ゴニム（Wael Ghonim）氏（当時30歳）は、25日のデモ当日に、次のようなつぶやきを発信し、参加を促していました。

『みんな、今すぐタハリール（広場）に来てください。今はまだ1万人足らずで、あなたの力が必要なのです。#jan25』

　ゴニム氏は反政府民主化活動を通じて一躍活動家の若きリーダーとして脚光を浴びますが、この際、地元テレビ番組で彼のインタビューが放映され、その動画がユーチューブ等で視聴され、大きなインパクトを与えたと言われています。

　ゴニム氏は2010年の6月に立ち上げたフェイスブックページ「We are all Khaled Said」の運営をしていて、1月25日の反政府デモ実施の中心人物でした。ただ、正にその活動が政府治安当局から目をつけられることになり、デモに参加するためにエジプトに滞在していた1月27日夜に突然治安当局に拉致、身柄拘束され、行方不明となる、という事態に見舞われたのです。

　目隠し、手錠をされた状態でゴニム氏は当局からの尋問を受け、身柄を拘束された期間は12日に及びました。突如解放された2月7日のその日に、現地テレビ局、Dream TVによるインタビューが行われ、約50分の番組の中で、突然拉致された状況、尋問の様子、民主化運動について、情熱的に語りました（写真2）。
「自分はヒーローでもなんでもない、キーボードを打っていただけで、街頭でデモに参加している名もなきエジプト市民一人ひとりがヒーローなのです」と訴えました。

　インタビューが終わりに近づいた頃、デモに参加して命を落とした多くの若者の写真がスタジオで映し出されると、ゴニム氏は泣き崩れ、番組途中でスタジオを後にしたのです。その号泣する姿は画面に大きく映し出され、「何百万もの人の心を動かした」と、現地メディアで報じられる程でした。番組放映翌日の8日に行われたデモには、このインタビューを見て参加した、という人が数多くいて、かつて大統領派だった人も含め、過去最大規模の市民が参加するこ

とになったと言われています。その注目度は、ニューヨーク・タイムズ紙のオンライン版でもインタビュー全編が英語字幕付きで掲載され、アラビア語のユーチューブ動画は少なくとも延べ100万回以上視聴されるほど高く、フェイスブックやツイッターを通じてインタビュー動画へのリンクが瞬く間に拡がり、民主化運動の潮目を変えることに大きな役割を果たしたのです。

ソーシャルメディアによる社会変革の可能性

　多くの人が指摘するように、ソーシャルメディアが「革命」を起こしたわけではありません。ムバラク独裁政権の腐敗、高い失業率、貧困、警察の暴力等に不満を持つエジプトの人々の想いが臨界点に達し、人々が立ち上がり、「革命」が起きたのだと思います。その過程で当時302人の尊い市民の命が失われたことも忘れてはいけない事実です（「ヒューマン・ライツ・ウォッチ」調べ）。

　シンクタンク「グーグル・アイデアズ」のディレクターであり、元米国務省の政策企画部スタッフであるジャレッド・コーエン（Jared Cohen）氏はツイッターで、以下のようにうまくまとめたつぶやきを発信し、多くの人に共有されました。

　『「人々を繋げるために、フェイスブックは（デモや抗議行動の）日程を設定し、ツイッターはロジスティクス（どのような方法で行動をするか）を共有し、ユーチューブは世界に映像で示す」、とあるエジプト人は言います。#jan25』（2011年1月28日）

　エジプトの行く末はまだまだ不透明なところが多く、たくさんの困難が待ち構えていますが、この18日間の経験は、ソーシャルメディアが社会変革を「加速」する上での数多くの教訓と希望を、私たちに提供してくれているのではないでしょうか。

021

「エジプト 2.0」
～エジプトの新しい民主社会構築

　2011年に起きた劇的な「エジプト民主革命」（写真1）は大きな衝撃を世界にもたらしましたが、当時、国創りのプロセスにおいて、ソーシャルメディアがどのような役割を果たしていたのか、その萌芽となるようないくつかの動きをご紹介したいと思います。

インターネットと今後のエジプト社会

　「エジプト民主革命」のきっかけのひとつとなったフェイスブックページ「We are all Khaled Said」の運営者であり、反政府運動の中心人物の一人とされていたワエル・ゴニム氏は、ムバラク大統領辞任直後に、あるウェブサイトを立ち上げました。
　サイトの名前は「Egypt 2.0, what do we need? What are our dreams?!（エジプト 2.0、私たちは何を求め、どんな夢を持っているか?!）」です。ゴニム氏が勤務するグーグル社の「Google モデレーター」という無料サービスを利用して、エジプト国民から直接、今後のあるべき政策、アイディア、夢を募ったのです（サイトはアラビア語で運営）。このサイトには、たった1週間後の2011年2月20日の段階で約3万9000人が登録し、5万件近くのアイディアや要望が寄せられました。
　「Google モデレーター」は2008年12月、オバマ候補が米大統領選に勝利した後、就任までの移行期間に開設されたサイトでも利用され、アメリカ国民から新政権に対する要望、アイディアを募る目的で活用されたことがあります。

　日本でも2009年の衆議院選挙の際、グーグル日本法人が「未来のためのQ&A」というサイトを立ち上げたことが話題になりました。立候補予定者に向けた質問と投票を受け付け、立候補予定者がビデオ回答を行い、ウェブ上で掲載するというような形で活用されました。

　革命以後、エジプトで驚くほど短期間でサイトが開設され、数多くのアイディアを募ることが可能になっていたのは、多くのエジプト市民が、自分たちの力とアイディアで、よりよい社会を築くことを強く願っていたからといえます。寄せられたアイディアの中で、特に支持を得たアイディア・要望は、以下のようなものでした。

・「国の将来への投資として教育は最重要課題で、教育システムを構築するために緊急の委員会の設置が必要」
・「選挙の投票制度を見なおし、電子化した投票システムを構築し、選挙の際に国民にIDを付与すべき」
・「医療制度全体の再生が必要。公立病院はより清潔にし、患者に対する配慮が必要」
・「過去20年の間に権力が集中した警察を改善するために内務省の改革が必要」

エジプトのGDPの13％、そして約9人に1人の雇用を支える観光業（WTTC調べ）は、今回の反政府デモや治安の悪化の影響を受け、少なくとも31億ドル（約2550億円）の経済的損失を被った、と報じられていました。実質失業率が20％を超えるといわれていたエジプトにおいて、一日も早い日常への回帰、そして世界中の観光客が戻ってきてくれることは重要な課題でした。

　そんな国民の願いを象徴するユーチューブ動画（写真2）が2011年2月17日に有志により公開され、すぐに延べ20万人を超える人に視聴され、多くの共感を集めました。人懐っこい笑顔で「エジプトより愛をこめて」と英語、ロシア語、フランス語、ギリシャ語、イタリア語、韓国語、日本語などで語りかける内容です。エジプトという国のブランディング、マーケティングがこうしたソーシャルメディアの活用を抜きにして語ることができなくなっている様子がうかがえます。

エジプト軍も立ち上げたフェイスブックページ

　ソーシャルメディアを活用するのは、もはや若者だけではありません。2011年2月17日、エジプトの軍最高評議会は、公式のフェイスブックページを開設し、市民との直接対話に乗り出しました。

　アラビア語で運営されている同ページには、「本日から息子たちと意見交換ができてうれしい。どんな質問にも24時間以内に答えます」と宣言し、「エジプトの人々、特に（反政府デモを始めた）"1月25日の若者たち"との対話を希望します」と呼び掛けられていました。

　このフェイスブックページには開設から24時間で約7万5000人の人々が「ファン」となり、2月21日の時点で既に41万人近い人が登録するほど広まりました。

　サイトへの一般的な投稿に対し、たった12時間で約1万4000件

のコメントが寄せられ、1万5000の「いいね」ボタンがクリックされるような、共感を呼ぶコミュニケーションが相次いで交わされていたのです。今まで長い間、国民に対して圧政を敷いてきた政府が、こうして透明性を持った、双方向のコミュニケーションチャンネルを持ったことは、決して見過ごすことができない、将来に向けての偉大な一歩だったのではないでしょうか。

　チュニジア、エジプトのみならず、反政府デモ活動の動きは中東全域に拡がり、各国の軍、治安部隊との衝突により数多くの死者を出し、犠牲者の数は増える一方でした。インターネット接続が遮断され、厳しく検閲されている国も多かった中で、改めて、フェイスブック創業者マーク・ザッカーバーグが創業時から訴え続けている、ソーシャルメディア時代の考え方、価値観についての言葉が思い出されます。

「情報を皆が共有し透明性を持つことで、お互いが学び、コラボレーションが生まれ、社会がよりよい方向に導かれる」

　当初は社会の中でこうした考え方が受け入れられるには、まだまだ時間がかかると思われていました。しかし、今回の一連の中東での反政府デモ活動、そこで果たしているソーシャルメディアの役割を見るにつけ、以前より現実味を持って、ザッカーバーグの信念に共感出来る人が増えてきているように感じます。

ロンドン暴動後の
ソーシャルメディア・キャンペーン

　2011年8月4日の警官による黒人男性射殺事件をきっかけに英国各地に広がった暴動は、テレビやインターネット上での画像や動画が映し出したように、多くの若者を4日間にわたる略奪や暴力行為へと駆り立てました。英保険業協会によると被害予想額は2億ポンド（約250億円）を超え、逮捕者も2800人超（2011年8月15日時点）で、英国史上例を見ない大規模な暴動へと発展しました。

　暴動の背景にあるものはその後多くの専門家が議論していたところですが、一部世論調査によると、犯罪行為の蔓延や不良グループの台頭が原因の筆頭に挙げられ、緊縮財政政策や貧困対策の失敗もその理由のひとつに挙げられていました。ただ、「なぜ暴動が起きたか」という問いに対し、誰も明確な理由づけをすることが当時出来なかったようです。

　イギリスの多くの若者が利用している携帯端末「ブラックベリー」のメッセージ機能（BBM:BlackBerry Messenger）がこの暴動の拡大に広く活用されたとして、キャメロン英首相は「ソーシャルメディアサービスの規制」を検討していると発言し、国民からの反発を招きました。

　そんな混乱状況の中、ロンドン市民の有志が自発的に始めたいくつかの取り組みは、短期間に数多くの人の共感を得て広がり、英国民が誇りと希望を取り戻すことに一役買ったのです。そんな例を3つ、ご紹介します。

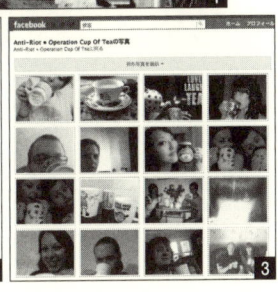

「理髪師アーロンさんに
散髪を続けてもらうための寄付キャンペーン」

　暴動が起きた地域で過去41年間にわたって理髪店を営んでいたアーロン・バイバー（Aaron Biber）さん（89歳）は、暴動が起きた週末の間に店内をすっかり荒らされ、保険にも加入していなかったため、お店を閉じるしかありませんでした。

　そこで、アーロンさんの窮状を知ったロンドンの広告代理店でインターンをしている若者3人が、「（批判にさらされている）若者がテクノロジーを使うことで社会にいいことを実現しうることを証明したい」ということでインタビュー動画を制作し、シンプルなブロ

グを立ち上げたのです。「Keep Aaron Cutting」(写真1) と名付けたブログサイトはツイッターでも9000回以上リツイートされ、たった2日間で3万5000ポンド（約430万円）を集めることに成功しました。

ツイッターキャンペーン「#riotcleanup（暴動の清掃）」

2011年8月8日の夜、暴動で建物が炎上する様子を見た地域のアート雑誌編集者のダン・トンプソン（Dan Thompson）氏は「何かせずにはいられなかった」として、「#riotcleanup（暴動の清掃）」というハッシュタグを含んだ以下のツイートを投稿しました。「#riotcleanupは政治的なものではなく、人々がいいことをしようとしているツイッターに過ぎません。ロンドンは暴動に屈しないというシンボルとして、『暴動の清掃』は明日から行う必要があります」(写真2)

このツイートは瞬く間に広がり、その後作成されたツイッターアカウント@riotcleanupは一晩で7万人近くの人からフォローされ、翌朝から始まった清掃活動には、ほうきを持ったボランティアが500人以上集まりました。関連するフェイスブックやウェブサイトも他の有志が作成し、その他にも清掃活動を組織したり、寄付を集めたりして、コミュニティの力を示す取り組みとして広く世界中のメディアでも取り上げられることとなったのです。

その様子はユーチューブ動画としても視聴され、また数多くの写真もインターネット上で共有されました。

みんなでお茶を飲もう！「Operation Cup of Tea」

「Operation Cup of Tea」(写真3) とは、22歳のサム・ペッパー（Sam Pepper）氏が2011年8月11日に始めたキャンペーンで、

内容は至ってシンプルです。「暴動に参加するのではなく、（反暴動への意思表示として）自宅でお茶を飲み、フェイスブックページにその写真を投稿してください」という、とてもイギリスらしいウィットに富んだ内容でした。期間は8月31日までとされていますが、当時33万人近くの人が参加しました。またツイッターでもハッシュタグの「#OperationCupOfTea」が注目のトレンディング・ワードとして多くの人に知られました。

　以上、主要なキャンペーンをご紹介しましたが、その他にもソーシャルメディアを活用した数多くの試みがありました。暴動の位置情報をマッピングしたサイト、事態の推移を伝えるためのウェブ上のまとめページ（Wiki）、主要ニュースをまとめたキュレーションサービス、#prayforjapanに倣って作成した#prayforlondonのハッシュタグ等、大きな話題になっていないものも含めれば数えきれない程です。こうしたいても立ってもいられない気持ちから生まれた行為がソーシャルメディア上で多くの共感を得た際、それらは野火のように伝播し、支援の輪が広がる、というパターンを感じ取って頂けるのではないでしょうか。

　当時の暴動そのものはすぐに沈静化したものの、その背景にある根深い社会問題の解決への道のりは非常に困難で長いものになりそうです。ただ今回の暴動を契機に生まれた数多くの地域コミュニティが支え合う気運というのは、東日本大震災以降の日本でも生まれた善意のマッチングサービスにも相通ずるものがありそうです。

「ウォール街占拠デモ」で
ソーシャルメディアが果たした役割

　ニューヨークのウォール街で2011年9月17日から行われた経済的格差への抗議等に端を発した「ウォール街占拠デモ（Occupy Wall Street）」は、次第に大手メディアでも積極的に取り上げられるようになり、全米主要都市、そして海外の都市にも広がりを見せました。

　そもそもの発端は、カナダのバンクーバーに拠点を持つ環境問題等を扱う雑誌『アドバスターズ（Adbusters）』が、ブログや雑誌で7月に掲載した「9月17日にウォール街を占拠せよ」という呼びかけに遡ります。9月17日にウォール街で1000人近くを集めたこの「占拠デモ」は、その後もウォール街近くの「ズコッティ公園」に拠点を構え、そこで寝泊まりするメンバーらを中心に次第に組織立った活動を展開、勢いを増していきました。

　彼らは世代、地域の差を乗り越え全米各地から集まって来ており、ニューヨーク以外でもすぐに50以上の都市に「占拠デモ」は伝播しました。

　どうしてこのような短期間で「占拠デモ」が一気に拡大したのでしょうか。チュニジア、エジプトの民主化革命、いわゆる「アラブの春」で大きな注目を集め、更にスペインやイスラエル、イギリス等でもデモや暴動の際に活用されたソーシャルメディアが、インターネットサービスの本場、アメリカでも縦横無尽に活用されていたことが大きな理由のひとつであることは間違いないでしょう。

　もちろん背景にある理由として、9％前後の高い失業率が続いていたこと、政府から救済を受けた大手金融機関の社員が多額のボー

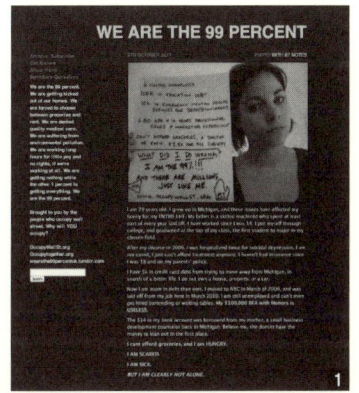

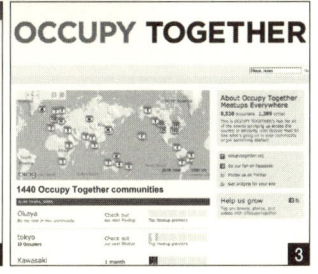

ナスを得ていたことに対する怒り、大学を卒業しても仕事も希望も持てない現在の社会に対するやるせなさ、これらに十分な対策を打ち出していない政府に対する不満が爆発していたこと等が議論されていました。

　ここでは「占拠デモ」を支えた主要なソーシャルメディアサービスをご紹介することを通じて、その時、アメリカで何が起きていたかを俯瞰してみたいと思います。

「WE ARE THE 99 PERCENT」

　数あるウェブサービスの中で印象に残ったものに「WE ARE

THE 99 PERCENT」と題した、誰もがテキストや画像を簡単に投稿できる「タンブラー（Tumblr）」というツールを用いたサイト（写真1）がありました。このサイトを訪れると、年齢も地域も状況も異なる様々なアメリカ人が、彼らが長期にわたり失業中であること、多額の教育ローンの返済を抱えていること、将来の希望が持てないこと等を、手書きのメッセージと顔の一部、あるいは写真とともに掲載していたのです。

「1％の富裕層が米国の富を独占している」という事態に対する抗議のメッセージとして、「I am the 99%」、そしてデモ活動のホームページのアドレスである「www.occupywallst.org」を文末に記入することが決まりになっていました。統計データや象徴的な動画メッセージではなく、こうした一人ひとりのストーリーを伝える手法は、多くの共感を集めました。

フェイスブックページ「Occupy Wall St.」

アメリカは世界で最もフェイスブックの浸透率が高いこともあり（米国インターネットユーザーの約65％）、情報共有のプラットフォームとしてもはや当たり前のように利用されていました。この運動の中心となるフェイスブックページ「Occupy Wall St.」（写真2）だけでも2011年10月11日時点で17万人以上がメンバーとなっており、ニューヨーク以外の地域ファンページ等も含めると実に50万人以上がフェイスブック上で情報交換をしていました。

ウェブサービス「ミートアップ（Meetup）」

オフラインイベントの運営支援サービスを提供する「ミートアップ（Meetup）」は、創業者兼CEOが元々市民活動を積極的に支援して来たこともあり、当初からデモ活動支援を表明。必要なウェブ

の技術的支援も行い、世界の各地域での集会のコーディネートにも活用されました。参加者不在の地域も含まれてはいましたが、当時日本の都市も含む1500近い「ミートアップ」のコミュニティが同サイト上に開設されました（写真3）。

24時間態勢でライブストリーミング中継

　圧巻だったのは24時間対応のライブストリーミングをメディアチームの担当が交代で放映し続け、今何が起きているかを常にオープンにしていたことです。毎晩7時に開催され、メンバーの誰もが参加出来る意思決定機関「総会（General Assembly）」の様子、各地で実施される通常のデモの様子もリアルタイムで視聴が可能で、映画監督のマイケル・ムーア氏やハリウッド女優のスーザン・サランドン氏等の著名人が支援にかけつけた際にもリアルタイムで見ることができました。

　以上いくつかご紹介したサイトは各ボランティアメンバーが緩やかに連携し、透明でオープンな意思決定・実行プロセスを経て、進められていました。「アラブの春」に見られたようなリーダー不在のリーダーシップが更に進化し、あたかもソフトウェアのオープンソース・コミュニティのように、一人ひとりが自分の出来るところで役割を果たしている運動体を形作っていたのです。

　当初はよくある若者が中心の活動と見て大手メディアも真剣に取り扱っていなかったのですが、途中からハッカー集団「アノニマス（Anonymous）」、各種大手労働組合、環境団体等のNGO他、様々なグループが参画し、多くの逮捕者も続出する中で、大手メディア、ニューヨーク市長、議会、オバマ大統領らも、もはや無視出来ないムーブメントになっていったのです。

オープンソース型ムーブメントとしての「ウォール街占拠デモ」

2011年9月17日にニューヨークのウォール街で始まった「占拠デモ（Occupy Wall Street）」は、米国の大手メディアに連日取り上げられ、その気運は国ごとに形は異なるものの、世界的に拡大していきました。

米国を中心とした海外のメディアによる報道やブログ記事等を通じてこの現象を見つめた際、強く感じたことがあります。それは、この一連の「占拠デモ」運動と、近年のソーシャルメディア全盛時代のスタートアップ企業のあり方との類似性です。その象徴的な点を3点取り上げます。

敢えてビジネスモデルを明確にせずユーザーベースを拡げる

「占拠デモ」に関してメディアや政治経済の専門家が話題にし、時に批判的にコメントしていた中に、「彼らが何を要求しているのか、目的が分からない」という指摘がありました。

経済格差是正、富裕層が富を支配する政治経済システム（1％が99％を支配する仕組み）への抗議、雇用創出、教育ローンの免除、税制改革等、多くのデモ参加者が掲げるアジェンダには、一筋縄ではいかない多様な要求が掲げられていました。

一方、当時の数週間のデモ運動の様子を見るに、明確な要求を一つに絞らないでいたが故に、多くの人の共感を招き、参加を促し、注目を集め、影響力を拡大させていたようにも感じられました。

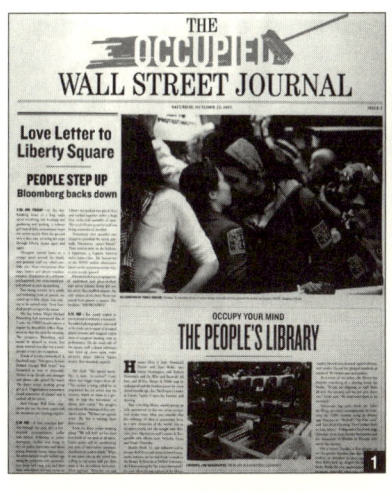

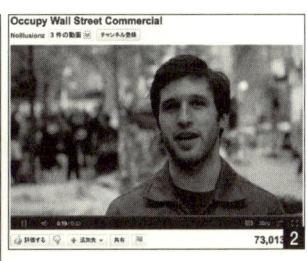

ツイッターやフェイスブックが世に登場した際、そこに明確な目標、ビジネスモデルがあった訳ではなく、ユーザーにとって意味があり、多くの人に利用、支持されることでユーザーベースを増やしていった様子が重なって思い出されます。

ソーシャルメディアを駆使したオープン・イノベーション

近年のスタートアップブームを駆り立てているものとして、ツイッター、フェイスブック、ユーチューブ等のソーシャルメディアツールの活用、連携が必須になりつつあります。

プラットフォームは極めてシンプルにして、常にユーザー（参加者）からの意見、フィードバックを取り入れ、時に開発プロセスすらもオープンにすることでイノベーションを進めていくことは、現代のオープンソース型スタートアップの特徴といえます。

「占拠デモ」の活動自体、スタート時から既に様々なソーシャルメディアツールを活用してコラボレーションを行いました。誰もが参

加出来る「総会（General Assembly）」でのコンセンサスに基づいた全員参加型の直接民主主義の実験のような仕組みが創りだされました。何百人も集まる集会でマイクを使わずに発言が皆に伝わるよう、発言をこだまのように繰り返す方法等は、現場の知恵の集積から生まれ、各地で使用されていた特徴的なイノベーションといえます。

2011年10月上旬にニューヨーク、サンフランシスコ等で開催された「ハッカソン（Hackathon）」には、正にオープン・イノベーションを具現化する場所としてエンジニア達が集まり、「占拠デモ」活動を推進するためのアイディアと技術をウェブサービスに落とし込むという試みがなされました。

ウェブ上に公開されたサービスの中には、例えば「オキュパイ・デザイン（Occupy Design）」というサイトがありました。デザイナーから寄せられた様々なグラフィックデザイン、インフォグラフィック（情報やデータをビジュアル化したデザイン）がウェブの中に蓄積されるサービスです。デモの際にプリントアウトしてポスターとして使えるものや、占拠地でのトイレの場所や寝る場所を示すグラフィックが、誰でも使えるように集約されていたのです。日本でも東日本大震災後に数多くのデザイナーにより作成された「節電ポスター」等と同じ趣旨のものです。

その他にもデモ開催中に利用出来るSMS、専用Q&Aサイト、マルチメディア集約サイト「オキュパイ・ザ・ハブ（Occupy The Hub）」等、数多くのプロジェクトが専用ウェブサイト上に記載されました。

秀逸なブランド・マーケティング戦略

スタートアップ企業が多くのユーザー、投資家の注目を集めるためにはマーケティング、ブランド戦略は非常に重要なポイントで

す。いかにお金をかけずにソーシャルメディア上で「バズ」を作り、マスメディアに取り上げさせられるかが、サービスの進展の明暗を分けるといってもいいでしょう。

　この点において、「占拠デモ」運動における「Occupy」のキーワードは既にブランドとして世界中で認知されつつあり、「Occupy XXX」と冠した地域サイト、関連ウェブサイトが多数生まれました（たとえば親としての立場で活動するポータルサイト「Occupy Parents」、世界中のデモイベントポータルサイト「Occupy Together」等がありました）。

　記者経験のあるボランティアで発行されている『The Occupied Wall Street Journal』（写真1）は、クラウドファンディングサイト「キックスターター（Kickstarter）」を用いて数週間の内に1700名近くから7万5000ドル以上の出資を受けスタートしました。2011年10月1日に刊行された新聞紙サイズで4ページの創刊号は5万部、次の号では10万部が刷られました。

　さらに驚くのは、プロボノの有志で作成された「占拠デモ」のテレビコマーシャル（写真2）も、同じくクラウドファンディングサイト「ラウドソース（LoudSauce）」を通じ、約170人から約6000ドルの資金を集め、その後間もなくしてESPNというスポーツ・エンターテインメント専門チャンネルで何百万人もの視聴者に対して放映されたことです。

　その後話題になることは減ったものの、2012年5月時点で引き続き継続している「ウォール街占拠デモ」の是非について単純な結論を出すことは容易ではありません。ただし、この運動の本質にあるもの（経済格差、社会システムの問題点、失業問題等に対する改善要求）とは、日本も無関係ではないということを自覚しておくべきでしょう。

新しい
ネット選挙の形

　2010年7月11日は参議院選挙の投票日でした。当時の各候補者のツイッターアカウントを見ると、選挙公示日の前日、6月23日を最後に、「選挙期間中は更新できませんが、よろしくお願いします！」と"祈り"に近いようなメッセージを残し、ぴたりと更新が止まっていました。

　公職選挙法により候補者はツイッター、ブログ等の選挙期間中の更新が禁止されているからに他なりません。

　候補者がツイッターを使えないとしても、有権者は選挙についてもっと積極的にツイッターを活用することができるのではないでしょうか。日本ではまだ十分に活用がなされているとはいえませんが、これから様々な活用が広がることを期待して、韓国、英国、米国の例をご紹介したいと思います。

著名人がツイッターを通して投票を呼びかけた韓国

　2010年6月上旬に統一地方選挙が行われた韓国では、ツイッターにより若者が選挙に足を運び、「圧勝」が予想された与党ハンナラ党候補に「まさかの惨敗」をもたらしたことが話題になりました。

　若者に人気のある文化人や女優、アイドルが投票日直前や当日にツイッターで「投票しよう！」「友達にも投票を呼びかけよう！」「選挙は国民の義務だ！」と呼びかけたのです。

　自らが投票した直後の「証拠写真」をツイッターで投稿する著名人（女優のパク・ジニさん〈写真1〉、歌手グループ、ブラウン・ア

イド・ガールズのミリョさん、小説家イ・ウェス氏〈写真2〉等)の行動を真似て投票し、友達にも投票を勧める若者も多くいました。

　投票所での「証拠写真」を投稿した人に無料のドリンクを提供する飲食店のオーナーも現れました。選挙に行くことがカッコいい、という空気が生まれたのです。投票率も過去15年で最高の54.5％に達しました。

　政権与党の経済政策への不満、そして哨戒艦沈没事件を巡り政府が打ち出した対北朝鮮強硬姿勢に違和感を覚えた若者世代が、ツイッターやネットによって投票を促されたことで、選挙結果に大きな影響を与えたのです。

選挙専用サイトに26万人が登録した英国

　2010年5月上旬に総選挙が行われたイギリスの場合、当時有権者の10人に4人が投票行動の際にソーシャルメディアで得られる情報から影響を受けた、とされていました（YouGov調査より）。

　英国ではツイッターよりも当時国内で2400万人ものユーザーを持つフェイスブックが主要メディアプラットフォームとして活用されており、若年層（18歳〜24歳）の36％がフェイスブックから選挙に関しての情報を得たと答えていました。ちなみにツイッターは13％にとどまります。

　フェイスブック社は独自の選挙専用サイト「デモクラシーUK」（写真3）を立ち上げ、このフェイスブックページには約26万人が登録。情報ポータルとしてディスカッション、アンケート、そして46万人が参加した模擬選挙などが実施され、話題を呼びました。

　当時最も注目を集めたのは、史上初めて行われた3党首によるテレビ討論です。テレビ討論を見ながら、さながらスポーツ観戦をするかのようにソーシャルメディアを使っていたようです。これまでのメディアと相互補完的でありながらも、今後無視できない可能性を持つメディアとして、引き続き注目を集めています。

米国大統領選で活用された
ソーシャルメディアキャンペーン「グレート・シュレップ」

　アメリカでの事例に目を向けると、2008年に民主党オバマ大統領候補の支持者が行った選挙キャンペーン、「グレート・シュレップ (The Great Schlep＝偉大なる旅)」が、投票率を上げる戦略という点で非常にユニークでした。

　キャンペーンの内容を一言でいうと、オバマ候補を大統領に当選させるため、ユダヤ人若者層にフロリダ在住の祖父母を訪ねてもら

い、オバマ候補に投票するよう説得してもらう、というものです。
　そもそも大統領選挙での大きな票田となっているフロリダ州には、定年退職した高齢のユダヤ人が多く住んでいて（CNNの記事によると推定で65万人）、その規模は小さいものの、最終的な大統領選の結果に非常に強い影響力を持っているとされていました。
　なぜなら無党派層の多い激戦区にあって、彼らの投票率は平均95%を誇るからです。また、選挙期間中には"オバマ候補はイスラム教信者であり、反イスラエル的な政策を掲げている"という誹謗中傷キャンペーンが絶え間なく行われていて、特にフロリダ州では劣勢に立たされていたのです。
　そこでNPO、選挙候補者、企業等のクライアントに対し、ソーシャルメディアを活用したキャンペーン活動等を行う「シンセシス」という会社の創立者兼マネジング・パートナー、アリ・ウォラック氏が「ユダヤ人教育研究協議会（Jewish Council for Education and Research）」を立ち上げ、取り組んだキャンペーンが「グレート・シュレップ」でした。
　ユダヤ系人気女性コメディアンのサラ・シルバーマン（Sarah Silverman）氏を起用し、製作費わずか5000ドル（約40万円）で動画メッセージを作成、ユーチューブ等の動画共有サイトを利用してホームページに掲載したのです。
　そのメッセージは、「フロリダに隠居する祖父母を訪ね、オバマへの投票を説得しよう！」というストレートでシンプルなものでした。保守的でオバマ候補への誹謗中傷キャンペーンを信じ込んでいた人々も、身近な存在で、信頼できる、そして何より愛している存在の孫の声ならば耳を傾けるはず、という戦略でした。
　「グレート・シュレップ」のサイトによると、結果は驚くべきもので、キャンペーン動画は選挙期間中に2500万回も閲覧され、ニューヨークタイムズ、CNN、ABC、CBS等、あらゆるメディアに取り上げられました。

フェイスブックのコミュニティにも2万5000人が登録、口コミで多くの若者がこのキャンペーンを話題にしました。若い世代が自分の祖父母が住むフロリダを訪れたり、電話をかけたりして、オバマ候補に票を入れることが如何に重要かを説く、という行動が実際に起きたのです。

「トーキングポイント」と呼ばれるオバマ候補の経歴や公約について分かりやすくまとめられている「あんちょこ」のドキュメントも120万回もダウンロードされ、その項目を見ながら支持を訴えました。

結果、当初劣勢にあったオバマ陣営は、共和党のマケイン候補を破る結果となりました。「グレート・シュレップ」が直接果たした役割は未知数ですが、キャンペーンは予想をはるかに超え、インパクトを与えたと言われています。

2009年6月に開催された世界的な広告イベント、「カンヌ国際広告祭」において、「グレート・シュレップ」は3部門の受賞を果たしたことからも、与えたインパクトは小さくなかったと言えます。広告祭での出展作品情報によると、フロリダ州では得票率でたった3％、得票数では17万票という僅差での勝利でした。

またオバマ候補はフロリダ州のユダヤ人有権者からの得票率において、過去30年で最高である78％を獲得し、最終的な大統領選での勝利が可能になったと記されています。

以上の例を振り返りつつ、ネットでの選挙運動が解禁されていない日本での状況と比較すると、海外での想像を超えるスケールでのソーシャルメディア活用は驚きです。ツイッター、フェイスブック、動画共有サイトで展開したことが大手テレビ・新聞を経由して世代を超えた層に対して大きな影響力を与えているのです。

この点、日本ではネットとマスメディアでは論調がかなり異なります。ネット上の意見は少数派で社会にインパクトを与える水準に

あるとは言えません。多民族国家のアメリカ等の場合、誰が誰の利益代弁者であるかが比較的分かりやすいですが、日本の場合は複雑であり、また公の場でそうしたことがあまり議論されていないのが現状です。

「ソーシャルメディアを日本の社会、政治で今後どのように活用していくのか？　その必然性は？」「解禁の気運高まるネット選挙運動実施にあたり、メリット、デメリットは何か？」

　こうした問いに、日本に馴染む形で答えを見出さなければならない時代がすぐそこまで来ているのではないでしょうか。

アクティビズム・キャンペーン「KONY2012」から何を学ぶか

2012年3月5日にインターネット上に出現した約30分のバイラル動画、「KONY2012」（写真1）が欧米を中心に世界中で大きな話題になりました。「KONY2012」とは口コミ動画による史上最大のアクティビズム・キャンペーンです。1億人の視聴者数をたった6日間で獲得し、それまでの記録である9日間（オーディション番組のパフォーマンスで一躍有名になったスーザン・ボイル〈Susan Boyle〉さんの記録）をあっさり抜き去ったこの空前の動画に対し、賞賛、そして批判・分析が入り交じり、当時大きな議論を巻き起こしました。

日本ではあまり報道されなかったこの「現象」に対し、海外論壇ではアカデミック、ジャーナリズム、人道支援、外交・安全保障、ソーシャルメディア・マーケティング等様々な専門的視点から批判、分析、論点整理が行われ、如何に今回の一件から学びや教訓を引き出すことが出来るか、という点に関し多くの議論が交わされたのです。

広がる反響と交錯する意見

このバイラル動画の内容は、ウガンダ共和国の反政府武装勢力組織「神の抵抗軍（Lord's Resistance Army）」のリーダー、ジョセフ・コーニー（Joseph Kony）に世界的なスポットライトを当てることで、過去26年にわたり残虐行為を行い、人道に対する罪で国際刑事裁判所から逮捕状が出ているこの人物を、2012年内に逮捕す

ることを目的としたものになっています。

　2004年に設立されたアメリカの非営利団体、インビジブル・チルドレン（Invisible Children）により制作されたこの動画は、元々高校生や大学生向けに作られたとされ、非常に分かりやすいストーリー構成になっており、ジョセフ・コーニーが今までいかに残虐な行為を行ってきた悪人であるかを伝え、多くの人の注目を集めることでこの非常に複雑な問題を解決できると謳っていました。

　また、誰もがこのムーブメントに参加できると呼びかけ、キャンペーンのことをソーシャルメディアで告知したり、著名人や主要政策決定者にツイッターで協力を呼びかけたり、30ドルで購入できるアクション・キットを購入することで「KONY」を有名にする等、具体的な行動を促すしかけが特に若い世代を中心に受け、大きな反

響を呼び起こしました。

　人気トークショー・ホストであるオプラ・ウィンフリー（Oprah Winfrey／当時のツイッターのフォロワー数：約1000万人）、世界的に絶大な人気を誇るアイドル歌手ジャスティン・ビーバー（Justin Bieber／同：約1860万人）、著名ジャーナリストで途上国の人道支援にも取り組んでいるニューヨークタイムズのコラムニスト、ニコラス・クリストフ（Nicholas Kristof／同：約123万人）等もこのキャンペーンを支持する内容を早々にツイートしたこともあり、瞬く間に多くの人の間で話題に上ることとなりました。

　一方、この動画が複雑な現地の状況を過度に単純化することで多くの人に誤った認識を植え付けているのではないかという批判、現地のウガンダ北部にいる被害者等の地域コミュニティの声を十分に盛り込んでいないのではないかという疑問、またインビジブル・チルドレンの組織そのものや活動資金の開示内容に対する批判等、多方面の専門家から厳しい声も寄せられました。

　3月16日にはインビジブル・チルドレンの共同設立者で、動画の制作者であり、動画の中で彼自身の5歳の息子とともにナレーターとして登場もしているジェイソン・ラッセル（Jason Russell）氏が、極度のプレッシャーから全裸で路上において奇行に及び警察に逮捕され、入院するという事態に至りました。動画の中では一人称で自分の息子にも分かるようにウガンダで起きている非人道的な事態を語っていた分、動画に対する批判も極めて個人的なものとなり、彼のことを「悪魔」扱いするバッシングが多数寄せられたそうです。「ビデオのリリース以降、9日間全く寝ていない」とインタビューで答えるほどでした。

事実やデータに基づいたオープンな議論

　冒頭でお伝えした通り、当時インターネット上で「KONY2012」

を検索すると、海外ではCNN、NPR、ニューヨークタイムズ、ワシントンポスト、ガーディアン、フォーリン・ポリシー、フォーリン・アフェアーズ、ファスト・カンパニー、マッシャブル等、主要メディアが定期的にこの現象を取り上げていました。評価すべき点、批判すべき点をあらゆる角度から分析し、この史上最大規模のバイラル動画キャンペーンをどう評価するか、またそこから今後の人道支援活動にどのように教訓を活かすか等の議論が行われていました。

　残虐な行為を続けてきたジョセフ・コーニーに対して適切な制裁がなされるべき、という点は多くの人の間で共通しているものの、そのアプローチの正当性、そしてそもそも今回のキャンペーンがもたらすマイナス効果等についての議論がマスメディア、またソーシャルメディア上で展開されていたのです。

　またインビジブル・チルドレン側も、ツイッター等を活用しながら出来るだけ多くの人々の疑問や批判に耳を傾け、動画共有サイト等を通じて、適宜批判や疑問に対する回答として過去の財務状況のデータを開示する等して透明性を持たせる姿勢を示しました。

　時に陰謀論や感情的な中傷・バッシング等、根拠が偏っているような情報が多数飛び交うこともあったものの、個人ブログ等でのオープンな情報発信、共有を通じ、多くの人を巻き込んだ事件に対しての「意味付け」を、各自が試みる姿勢が広く見受けられました。

　例えばニューヨークタイムズでは「Activism or Slacktivism? The 'Stop Kony' Campaign as a Teachable Moment（アクティビズムかスラックティビズムか？　教育機会としてのストップ・コーニー・キャンペーン）」と題した記事で、学校の教室において今回の現象を通じて学びを深める上で有用な議論のためのガイドを掲載しました。「スラックティビズム」とは、英語で〝怠け者〟を意味する「スラッカー（slacker）」に〝社会行動〟の「アクティビズム」を掛け合わせた造語で、「たいした労力をかけずにできる、お気軽な社会運動」のことを指します。

実際に教室で動画を生徒に見せ（残虐で子供向けとして適切でないシーンが含まれている点を注意した上で）、批判的な視点を持って動画を通じて何を感じるかを共有させ、そこから更に実際のウガンダの情勢についてリサーチをさせたり、アクティビズムやスラックティビズムについてのディスカッションを促したりする記事内容です。

　世界中で少なくとも1億人以上の人々の目に触れたこの動画、そしてその後の議論について、残念ながら日本ではあまり話題にはなりませんでした。

　多くの人にまずそういう課題があることを知ってもらうことにすら苦労しているNPO従事者等にとって、どのようにしたらソーシャルメディアを活用して多くの人に問題の存在を知ってもらうことが出来るか、また何をするべきでないかを学ぶ機会として、今回の事例は貴重な学びの場を提供してくれたことと思います。

　また一方、日々多くの情報に触れる一個人としても、ソーシャルメディア上の情報を無批判に鵜呑みにして、検証することなく共有することのリスクについて学ぶ機会として、今回の事例から得られる教訓は少なからずあったと思います。

　そしてそのやり方はともかくも、9年間にわたって人生をかけて社会の課題解決に取り組んできた若者が、ソーシャルメディアを活用したアクティビズムにより精神に障害を来す事態に追い込まれてしまったという残念な事態についても、心理学等の視点から様々な教訓が引き出されることと思います。

049

ソーシャル・アクション
署名プラットフォーム

　私たちの身の回りに溢れる複雑な社会問題を解決しようとする際、行政組織や大手企業がなかなか取り合ってくれないような課題を正そうとする際、ツイッターやフェイスブック等のソーシャルメディアツールを活用することが次第に一般的になりつつあります。
　日本でも2012年5月上旬に若者が中心となったネット選挙運動解禁のためのキャンペーン、「ワン・ボイス・キャンペーン(One Voice Campaign)」がスタートし、たった数週間で4000人を超える人がフェイスブック上で賛同を表明しました。その後連動する形で著名人を含む多くの人がブログや動画インタビューを通じて意見を発信、主要新聞やテレビ番組でも取り上げられるムーブメントを起こしつつあります。一握りの若者の活動がきっかけとなり、社会の歪みを矯正しようとするアイディアを広く世に伝えるという動きが、ここ日本でも次第に拡がりを見せつつあるように思います。

「チェンジ・ドット・オーグ(Change.org)」

　海外に目を向けると、こうした社会的活動や署名キャンペーンのプラットフォームサイトである「チェンジ・ドット・オーグ(Change.org)」(写真1)というアメリカ発のオンラインペティション(petition=陳情、請願)サービスが、驚異的な規模とスピードで現在急拡大しているということをご存知でしょうか？
　Change.orgはスタンフォード大学卒のベン・ラトリー(Ben Rattray)氏が2007年、当時20代半ばで仲間と立ち上げたオンラ

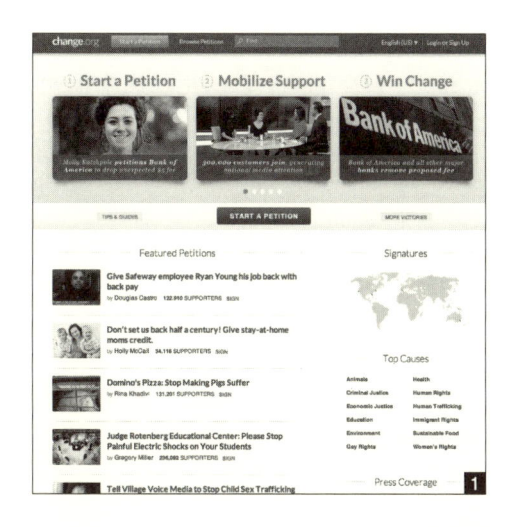

インプラットフォームサービスです。設立当初は環境、貧困、人権、性差別問題に取り組んでいるNPO等と、そうしたテーマに興味を持つ人とのSNSを志向していたもののうまくいかず、その後は社会課題を取り扱うブログコンテンツメディアを目指していました。それが2011年1月、オンライン署名プラットフォームサービスを前面に打ち出すようになってからというもの、急速に世界的な注目を浴びるサービスに成長したのです。

　同サービスを一躍有名にしたのが、2012年2月にフロリダ州で起きた黒人の少年トレイボン・マーティン（Trayvon Martin）さん（17歳）射殺事件について、彼の両親が正当な裁きを求めてChange.org上で始めた署名活動でした。

　正当防衛を主張して逮捕も起訴もされていなかったヒスパニック系アメリカ人の容疑者ジョージ・ジマーマン（George Zimmerman）氏の起訴を求めるキャンペーンに対し、瞬く間に全米のみならず世界中の注目が集まったのです。結果220万人もの署名を獲得することに成功、4月中旬には第2級殺人罪として容疑者に対し略式起訴を

勝ち取ることに成功しました。

その他にも2012年1月に米アップル製品を製造する中国の工場の労働環境を問題視する報道が米国で相次いだことを受け、労働環境の改善を求める署名キャンペーンがChange.org上で展開されました。結果25万人を超える署名を集めることに成功、アップル側の改善策を早期に引き出すことにつながりました。

こうした事例はごく一部に過ぎず、今日Change.org上には大小含め毎月1万5000もの署名キャンペーンが世界中で展開されており、サイト登録者も1600万人を超える規模にまで成長、その数は毎月200万人のペースで拡大しているとのことです。署名キャンペーンはサイト登録すれば誰でもすぐに無料で始められることになっており、アムネスティ・インターナショナルやシエラ・クラブ等、大手NGOからのスポンサー料を得ることで独自のビジネスモデルも構築しています。

なお、CEOのベン・ラトリー氏は2012年4月、これらの実績を評価され、米タイム誌の「世界で最も影響力がある100人」の一人にバラク・オバマ米大統領、ヒラリー・クリントン米国務長官、著名投資家ウォーレン・バフェット氏等と並んで選ばれました。

意識の変化と拡散、共有

スカイプでのインタビューに応じてくれたグローバル・ディベロップメント・ディレクターのニック・アラディス（Nick Allardice）氏によると、Change.orgは現在12ヵ国で展開しているオペレーションを近く20ヵ国まで拡大することを予定しており、積極的に採用活動を実施しているとのことです。世界中のスタッフは現在約140名で、日本にもこの夏以降専任のカントリー・ディレクターが着任予定で、本格的な展開が予定されているとのことでした。

アラディス氏曰く、Change.orgの急速な成長の背景には大きく

2点の要因があるとのことです。ひとつは社会的な課題に対し、主体的にオーナーシップを持って関与していこうとする市民の意識の変化、そして2点目として、近年の急速なテクノロジーの進化により今まで想像もできなかったようなメッセージの拡散、共有が可能になったことです。加えて、こうしたトレンドはアメリカやヨーロッパの国に限ったことでなく、国ごとにアプローチの違いはあるものの、世界中に共通してみられる傾向であることも強調していました。

　アラディス氏はChange.orgはあくまでプラットフォームであることを自任し、「ソーシャル・アクション・キャンペーンにとっての『ユーチューブ』のようなもの」という表現をたとえとして話してくれました。

　現在日本国内の登録者が何人くらいいるか聞いてみたところ、既に約1万5000人が登録しているとのことでした。日本は政治文化、アクティビズムのあり方に関し欧米とは異なる文化があることも尊重しつつ、是非Change.orgの活動に興味と情熱を持った方に参画頂き、日本でもムーブメントを拡大していきたい、と力強く語ってくれました。

Chapter 2

Social risk management

第2章 社会リスク対応

ケニア発の位置関連情報集約サイト「ウシャヒディ（Ushahidi）」

　2010年のハイチ、チリでの地震、メキシコ湾での原油流出事故、そしてパキスタンでの洪水等、次から次に起こる巨大な災害に立ち向かう危機対応サービスとして、「ウシャヒディ（Ushahidi）」（写真1）（スワヒリ語で「証言」「目撃者」という意味）という、ウェブサービスの存在感が世界的に増しつつあります。

女性弁護士の思いつきが世界に広がる

　ウシャヒディは2008年の初め、当時31歳の女性弁護士で活動家であり、ブロガーでもあるケニア人のオリ・オコーラ氏の行為から生まれました。
　2007年末にケニアで実施された大統領選挙での不正疑惑に対し、国内各地では暴動が勃発、報道規制が敷かれていました。そのような状況下でオコーラ氏は、現地での状況を絶え間なくブログに掲載していたのです。どの地域でどのような暴力事件が起きたか、被害状況等に関し、更新を続けていたのです。
　すぐに一人では情報更新が追いつかなくなり、ブログで助けを求めるメッセージを掲載しました。

「誰かエンジニアの人で、グーグルマップ（無料地図情報サービス）を使って、暴動発生箇所と破壊状況のマッシュアップ（融合）サイトを作ってくれない？」

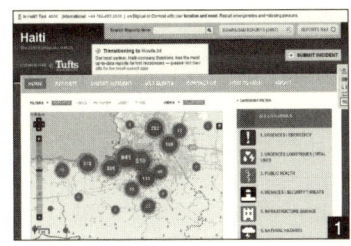

すぐに2人のエンジニアが手を挙げ、約3日間の作業で作られたソフトウェアが、危機・災害時の情報集約ビジュアルサイト、ウシャヒディの始まりでした。

　機能は至ってシンプル。eメール、携帯電話からのショートメッセージ（SMS）、ウェブサイトからのフォーム、そしてツイッターから寄せられた現場での情報が、位置情報を添えて、ひとつのサイトに掲載されるというサービスです。

　緊急時になかなか手に入らない事件発生箇所、救助の必要な場所等の情報が、数多くの現場の被害者、ボランティアから寄せられ、時系列、地域毎に整理され、一覧での可視化が可能になりました。

　ケニアで4万5000人もの人に利用されたソフトは、後にオープンソースとして公開されました。メキシコ、インドでの選挙の監視に、紛争中の中東ガザ地区の武力衝突の状況把握に、また思いがけないところではワシントンDCでの除雪作業に、ウシャヒディは数多くの危機・災害の際に、公共的な目的で利用されるようになったのです。世界中のエンジニアにより改良が加えられ、本記事掲載時の

2010年8月には延べ4000回以上ダウンロードされていました。

　世界的なスポットライトを浴びるきっかけになったのは、ハイチでの地震でした。地震発生から2時間後には米国タフツ大学の学生ボランティアが中心となって危機情報サイトが設置され、被害状況の把握、そして多くの人命救助の為になくてはならないサービスとなったのです。
　緊急時の無料テキストメッセージの番号「4636」が急遽設定され、ラジオでハイチ国内全域に告知されると、地震発生から4日目には、既に約10万件のレポートが集められたのです。中には「○○地区のスーパーマーケットの中で被災者が瓦礫の下敷きになっています」というような人命を左右するレポートも数多くありました。

進化し続けるサイトの力

　2010年8月9日、ウシャヒディは新しい画期的なサービス、「クラウドマップ（Crowdmap）」（写真2）を始めました。
　それまでは無料ソフトをダウンロードし、レンタルしたサーバー上にホストするという技術と費用がなければ設置出来ず、災害発生直後の迅速な対処のためにも改善が求められていました。
　クラウドマップはインストール不要、ウェブ上で即利用可能なサービスで、技術的なバックグラウンドのない人でも5分以内にサイトを簡単に設置することが可能となったのです。しかも、英語以外に中国語、フランス語、ロシア語、アラビア語等、合計9ヵ国語でのマルチ言語対応も可能になりました（日本語は未対応）。
　その後ウシャヒディは東日本大震災を経験した日本も含め、世界中の自然災害の危機管理ツールとして利用されるに至りますが、ケニア、南アフリカ、アメリカ、ヨーロッパ諸国等各地域に散らばる20名程のスタッフ、そして数多くのボランティアにより運営されて

います。
　非営利型テック企業として、財団等からの助成金・寄付で運営がなされていますが、ウシャヒディは、設立からたった4年程で、設立者たちが当初予想すらしなかった世界規模のスケールでサービスが利用され、更に進化が続いています。

　大胆な「クラウドソーシング」（不特定多数の〝群集〟〈crowd：クラウド〉にアウトソーシングすること）はそのリスクもあり、例えば日本国内で政府としてすぐに採用するのは難しいかもしれません。
　ただ、一個人の行動がきっかけとなり、小さな行為の積み重ねが国境を越え、大きな社会的インパクトを与えることが可能になりつつあることを、私たちはウシャヒディの事例から学べるのではないでしょうか。

ニュージーランド地震にみる
ソーシャルメディア活用法

　2011年2月22日、ニュージーランド、クライストチャーチ市にマグニチュード6.3の直下型地震が発生し、日本人28名を含む185名もの命を奪うという、大惨事となりました（写真1）。
　当時中東・北アフリカを中心とした反政府民主化運動の過程でソーシャルメディアが大きな役割を果たしていたのと同様、災害時においてもソーシャルメディアが無視できない役割を果たしつつあることは、この災害を通して特に海外のメディアで注目され、取り上げられました。
　被災者と家族とのコミュニケーションツールや安否確認手段として、状況把握のための重要な情報ポータルとして、その他にも住居の提供やオンライン寄付の窓口として、インターネット、ソーシャルメディアは様々な場面でライフラインとして活用されました（写真2）。その中でいくつか中心的な役割を果たしたサイト、サービスを機能毎にまとめ、ご紹介します。

リアルタイムの状況把握・情報発信のための
ツイッター、ハッシュタグ

　地震のような自然災害の発生直後において、とにかく被害状況の把握、安否確認は最も重要です。リアルタイムの情報共有、拡散という点において、ツイッター、そして「#eqnz」「#eqnzjp」等のハッシュタグは非常に大きな役割を果たしました。
　ツイッター経由で写真や動画を含む地震発生の情報が入り、そこ

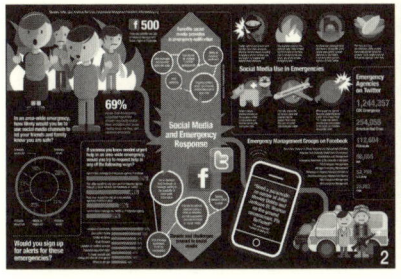

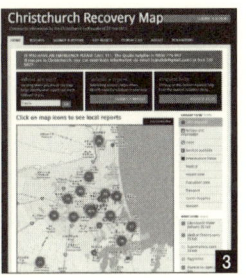

からテレビ、ラジオ等の主要メディアに情報が流れ、より多くの人に情報が伝播していくケースは既に一般的な事象になっているのではないでしょうか。ハッシュタグはその後も活用され、世界中の不特定多数の人々をつなぐ「キーワード」として活用されたのです。

安否確認サービス

　安否確認に関しては、専用のハッシュタグ「#eqnzcontact」を活用してツイッター上で情報のやり取りがされた他、グーグル社により「グーグル・パーソンファインダー(Google Person Finder):Christchurch Earthquake, February 2011」が地震の翌日に開

設されました。

このサイトは、行方が分からなくなっている人の「情報を探している人」はその人の名前や情報を記入し、また、その人に関する「情報を持っている人」は安否情報を書き込む、という、情報共有を可能にしました。当時延べ1万1000件以上のデータが掲載されていました。

位置情報と連動、現場を可視化する情報整理サービス

被災地の状況を把握するために、位置情報を添えた情報共有を促し、可視化を可能にしている、「クライストチャーチ・リカバリー・マップ」（写真3）というサイトがありました。

このサイトの特徴的な点は、政府機関、企業、NPO、そして現地の状況を把握している一般の人を含む誰もが、携帯電話の無料ショートメッセージ、ツイッター、電子メール、ウェブの記入フォームから情報をレポートできるということでした。集約された情報は全て位置情報が含まれるため、雑多な情報が非常に分かりやすく整理され、状況を容易に把握することが可能になりました。

例えば危険地域、水・食料が提供されている場所、医療サービス、公衆電話、インターネットが使える場所等の欄を選択すると、上記方法で集められた情報が地図上に現れ、クリックすると詳細情報にアクセスすることが可能になっていました。

なお、このサイトには、関連する様々な情報サイトへのリンクが目立つ場所に掲載されており、災害情報センターとしての役割を果たしていました。トップページには、先ほどの安否情報サイトへのリンクの他、「住居情報」「ボランティアマネジメント」「地域ビジネス復興支援」等、様々な情報交換を可能にするサイトへのリンクが盛り込まれていました。

行政機関からの公式の告知や主要メディアからの速報ニュース

が、いち早く時系列順に掲載され、電気、水、交通機関等の復旧状況もタイムリーに閲覧することが可能になっていました。

　驚くべき点は、この「クライストチャーチ・リカバリー・マップ」は世界中にいるCrisisCampNZというボランティアチームのメンバーによって運営されていた点です。

　このチームは地震発生から1時間後には時差を超えて各地域のチームメンバー間でリアルタイムに情報を共有し始め、直ぐに暫定的な情報共有サイトを立ち上げました。その後「状況分析」「危機のコーディネーションと対応」「位置情報集約ソフトウェア（ウシャヒディ）の使用、技術的な統合」「ボランティアのプランとマネジメント」というような議題が、無料通話サービス「スカイプ」やオンラインのフォーラム等を通じ迅速に議論され、6時間後にはサイトが開設され、実際に運用がスタートしたのです。

　「クライストチャーチ・リカバリー・マップ」でベースとなるソフトとして利用されている位置情報サービスソフトウェア「ウシャヒディ」は、2010年のハイチ、チリでの大地震、パキスタンでの洪水への対応等の経験が蓄積され、迅速な対応が可能だったのです。

オンライン寄付サービス

　オンラインでの被災者への義援金寄付窓口は、ニュージーランド赤十字社やサルベーション・アーミー（救世軍）等の国際人道支援団体がいち早く開設しました。そしてニュージーランド政府も、「Christchurch Earthquake Appeal」と名付けたキャンペーンを、国際社会に向けて行っていました。

　クレジットカードを利用することで、最低5ドルから簡単に寄付をすることが可能でした。日本国内からも、例えばヤフーボランティアのサービスを利用することで日本赤十字社への寄付が行われ、当時約2万3000人から、1000万円近い寄付が寄せられました。

グローバルな災害対策・復興支援ネットワークへの参加

　今回紹介したサイトは英語で運営されているものが多く、日本国内ではそれほど知られていないサービスも多くありました。ただ、一連の対応を振り返る中で改めて感じるのは、世界中で専門技術、知見を持った人々が、ウェブ上で集合知を活かした問題解決のためのコラボレーション（協業）を迅速に行い、災害対策、支援、復興にかけがえのない情報プラットフォームを提供している、ということです。

　もちろん日本国内においても情報集約サイト、ブログ記事、オフラインでの支援のネットワークは様々なところで次々と生まれました。ただソーシャルメディアの位置情報や決済サービスを駆使したスピーディな災害対策・復興支援のネットワーク、そのバーチャルなコーディネーションにおいて、海外の事例から学ぶ点は多くあるように感じます。2011年3月11日の東日本大震災を経験した日本としては、今後も直面する可能性が高いと言われている大地震に備え、こうしたグローバルな災害対応のネットワークに参加することが非常に大切なことであると思います。

065

被災地で感じた
ソーシャルメディアの責務と可能性

　2011年4月、東日本大震災による津波の影響を強く受けている地域のひとつ、宮城県石巻市を訪れる機会がありました（写真1）。実際の被災状況を自分の目で見て、短い時間ではありましたが、被災した家屋の清掃作業に参加させて頂きました。

　既にテレビや新聞、数多くのウェブ上の情報で被災地の状況は目にしたことはあったはずなのに、「百聞は一見に如かず」という言葉の意味を改めて思い知らされる、強烈な経験でした。

　途方に暮れそうになる被災地の現状を目の当たりにしながら、復旧・復興に向けて自分に何が出来るのか、何をすべきか、という問いを真剣に考えさせられる機会でした。この体験を振り返りつつ、ソーシャルメディアの果たしうる可能性という点に関し、人、モノ、お金という視点から、考えてみたいと思います。

ボランティアマッチングポータルの必要性

　私が最初に訪れたのは、当時石巻専修大学内に拠点を持つ、石巻市災害ボランティアセンターでした。こちらには社会福祉協議会、複数のNPO団体、国連機関WFP（ワールドフードプログラム）が拠点を持ち、活動していました。その中のひとつ「NPO法人オンザロード災害支援プロジェクト」の方から、現地での状況について説明を受けました。

　まず目を見張ったのはキャンパス内に数多く陣取ったテントでした。滞在期間はまちまちですが、常時300名程度の人が宿泊しなが

067

ら、一日に700〜1000名の人が活動に従事しているとのことでした。長期滞在をしてリーダーとなりうるボランティア人材の数は少なく、献身的な活動をしていても資金的な制約等から途中で引き上げざるを得ない団体もある、という現実を伺いました。

ボランティアとして求められている活動としては、地震で倒れた家屋や津波で各家庭に流れ込んだ泥・土の片付けに始まり、避難所での炊き出し、救援物資の整理や配達など、多岐にわたります。「やることは山のようにある」という言葉が印象的でした。

現地へボランティアに行くには、よほどの覚悟が必要で、食事、移動手段を自分で確保出来る人だけが自己責任で行くべきもの、というような認識が、自分を含め多くの人の間に当時生まれていたよ

うな気がします。時間が経つにつれ、少しずつボランティアの受け入れ態勢も整えられつつあることを感じました。

流動的なニーズに応じるロジスティクスシステムの必要性

　全国から送られた援助物資・食料が貯蔵されているテントも見せていただきました。うずたかく積み上げられた物資・食料を前に、段ボールに手書きで書かれたメッセージを見るにつけ、多くの方々の善意が切実に伝わってきました。一方、物資・食料の整理、配分に関し、多くの労力が費やされていることも容易に想像出来ました。時々刻々と変化する状況に合わせ、必要な物資・食料を把握し、発送することもボランティアの方々の重要な役割であることが分かります。

　そこで思い出したのが、2011年4月上旬からアマゾン・ジャパンのサイト上で始められた試み、「たすけあおうNippon東日本を応援　ほしい物リスト」(写真2) です。被災地から本当に必要なものを「ほしい物リスト」として登録し、そのリストを見た全国の支援希望者が、リストの中のアイテムを贈り物として購入し、アマゾンの配送システムを活用して被災地に届けられる、というしくみです。

　授業を再開する学校から必要な文房具、臨時に開設された診療所から必要な備品の要望等、実にきめ細かいニーズが記載され、既に数多くのアイテムが全国の人々の善意により購入され、避難所等に届けられました。このようなリアルな現場でのニーズの発信と、オンラインでの善意のネットワークがうまく融合するケースが、ソーシャルメディアの活用法として今後も拡がっていくことと思います。

新生NPO、中間支援団体に対する資金供与の必要性

　私がお世話になった「NPO法人オンザロード」は、本来はインドやジャマイカでの学校建設・運営等が主要な活動内容ですが、東日本大震災の折、活動の必要性を感じ急遽現地に入り、地域行政やコミュニティからの信頼を得てボランティアコーディネート等で活躍されていました。今回の震災対応に関しては、実績のある災害援助・人道援助団体のみならず、このように様々な分野のNPO団体、さらには、新しく生まれた有志による団体が、意義ある活動に取り組んでいるケースが少なくありませんでした。

　オンザロードの理事長であり作家の高橋歩さんは関東地域でチャリティイベントを開催する等、「ボランティアの取り組みを運営・維持するためになんとか資金を集める」と力強く語っていましたが、資金問題は、中小規模のNPO、あるいは中間支援団体運営者にとって、切迫した課題です。大きな組織へ寄付が集中し、それ以外の団体には必要な活動資金がなかなか回っていない、という声が、NPO関係者の方からもよく寄せられます。

　こういった活動の資金集めのために、個人が寄付をし、またファンドレイザーにも簡単になることができるという、「ジャスト・ギビング」（写真3）というサイトがあります。同サイトでは震災復興支援活動団体のために特設ページを設け、ジャスト・ギビングへの手数料、そしてクレジットカード等決済手数料を運営側で全額負担し、全額上乗せ寄付（マッチングギフト）を行う、という取り組みを一定期間行い、寄付金は全て復興支援活動団体に届くしくみを提供しました。

　2011年4月の時点で同サイト上で最も多くの寄付を集めていた公益法人シビックフォースには、総額約4億5000万円にのぼる寄付が、オンラインで名乗りを上げた2000件ものファンドレイザーから集められていました。

ここまでの寄付が集まるのはごく稀なケースではありますが、一方で非営利の法人格を持たずとも、非営利を掲げる定款や会則を有し、ウェブ上で会計報告、および役員名簿を公開できるような団体であれば、寄付を募ることが可能なサービスです。現地で活動する団体を応援するためにも、こうしたオンラインでの後方支援の動きも連動していくことが、今後もっともっと必要になっていくことと思います。

ギャップを埋めるためにソーシャルメディアができること

膨大な量の震災関連情報に日々接してきた私たちにとって、震災復興支援活動にどのように関わることができるかというテーマは、大きな関心事です。

「募金をする」「節電をする」「目の前の自分の本業に従事する」「被災地の物品の購入・消費活動をする」……様々な関わり方があると思いますが、実際に被災地を訪問して感じたことは、当時現場ではまだまだ人手を必要としていた、ということでした。約20名で数時間にわたり、ある居酒屋兼ご自宅の泥かき・清掃作業を行ったのですが、同じような作業が必要とされる家屋がまだまだ街中に無数にありました。がれきの撤去作業に関しては、実際数年かかると言われています。

また、改めて感じたことは震災を巡って起きている様々なギャップです。被災地と被災地以外の当事者意識のギャップ、現地で必要な物資・食料と提供されるものとのギャップ、寄付金が集まっている団体とそうでない団体とのギャップ等々です。

上記いくつかご紹介したウェブサイトをはじめとするインターネット上のプラットフォームは、こうしたギャップを埋めることに大きな役割を今後も果たすことと思われます。リアルな現場の声に基づいた困難な問題が、ソーシャルメディアを介することで、人々の

思いやりや善意により解決・改善されていく姿を、私たちは数多く目にしてきましたし、今後も目にしていくことでしょう。

震災と
ソーシャルメディア

　東日本大震災による被害は、死者・行方不明者数の合計は1万8000人を超え（2012年5月時点）、戦後最悪の大災害と言われています。
　政府、ボランティア市民による懸命の被災者支援、復興の努力等が続く中、ツイッター、フェイスブック等のソーシャルメディアの果たした役割、影響力には、その負の部分も含め、国内外で大きな注目が集まりました。日本のような先進国が、ソーシャルメディアを通じて世界の市民とリアルタイムで繋がり経験する災害。そういう意味では、世界が初めて体験する形の大災害であったといえるのではないでしょうか。
　既に様々な形でインターネット上のマスコラボレーション（多数の人による協業）は行われてきていました。しかし、この「世界で初めての経験」に対処した際、国際社会が今まで蓄積した教訓や、経験を踏まえた知見を持つプロフェッショナル・コミュニティとの連携にもっと注意を払ってもよかったのではないか、と考えます。

ハイチ、チリ、ニュージーランド等の事例から学ぶ

　近年、大規模自然災害発生の際にソーシャルメディアが果たす役割が大きくなりつつあります。2010年のハイチ地震、チリ地震、パキスタンでの洪水、そしてロシアの大火災に到るまで、あらゆる災害の時にその活用が無視することのできない役割を果たしてきているのです（写真1）。オープンソースのプログラム「ウシャヒディ」（スワヒリ語で「証言」「目撃者」という意味）などはその代表例と

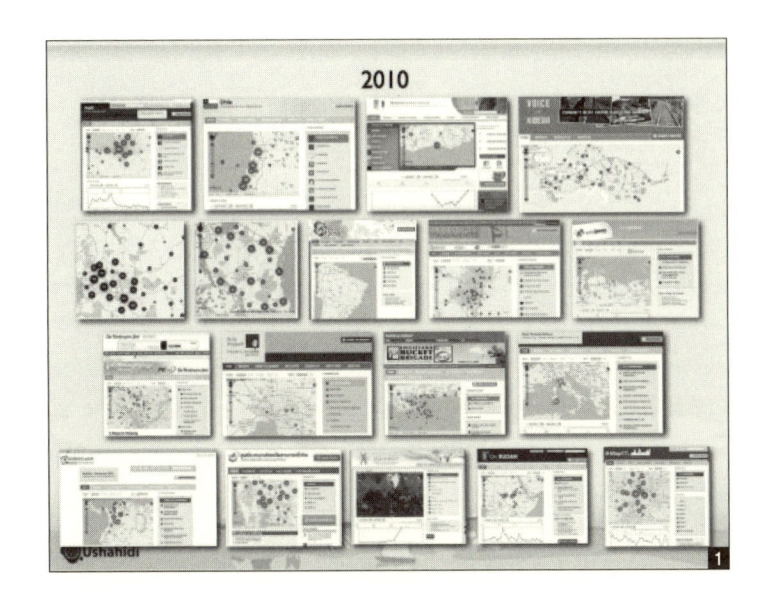

いえます。

　日本でも、地理情報をベースとした情報集約・整理を行っている「東日本大震災 みんなでつくる復興支援プラットフォーム sinsai.info」というウェブサイトが大きな役割を果たしました。一般社団法人オープンストリートマップ・ファウンデーション・ジャパンにより、地震発生後、わずか7時間で立ち上げられましたが、ウシャヒディのシステムが採用されました。「sinsai.info」のサイトには、すぐに世界130ヵ国からのアクセスがあり、被災地の状況や安否に関する情報が立ち上げ直後で6000件近くインターネットを通じて寄せられ、必要不可欠なサービスとして災害援助活動等に利用されました。

　こうした活用実績、そしてその課題に対する検証作業は既にあら

ゆるところで行われており、そうした教訓は今後の日本の支援・復興作業においても、参考になることは間違いありません。

テクノロジーを活用したグローバル災害支援との連携

上記「ウシャヒディ」のクライシス・マッピング(災害・危機に関する位置情報の収集・整理)担当ディレクターであるパトリック・メイヤー(Patrick Meier)氏は、2009年に設立された国際ネットワーク組織「インターナショナル・ネットワーク・オブ・クライシス・マッパーズ(The International Network of Crisis Mappers)」の共同設立者でもあります。同団体が運営するメーリングリストには、2011年3月の時点で30ヵ国を超える1200名以上の専門家が登録し、活発な情報交換がされていました(2012年5月には登録者数は約3800人に達し、引き続き活発な議論が行われています)。

メーリングリスト参加者は、各国の政策担当者、技術者、リサーチャー、ジャーナリスト、学者、ハッカー、そしてこの分野に強い興味を持つ医療、科学技術、人道支援等の専門家から構成されています。ハイチの地震発生の時にリアルタイムで様々なやりとりが行われたことで世界中の専門家が集うコミュニティが形成されているのです。今回の日本での災害に対しても、過去蓄積された経験・知見をどのようにしたら活かすことができるか、と世界中からの声が飛び交っていました。

私も東日本大震災発生直後にこのメーリングリストに招待されました。日本人参加者は当時まだほんの数名という現状で、私自身もこの国際社会からの豊富な過去の経験・知見を、十分に当時の日本の状況に還元できていない歯がゆさを強く感じました。

日本が今回直面した震災直後の状況は、冒頭お伝えしたとおり、先進国としてソーシャルメディアを通じて世界の市民とリアルタイムで繋がることが前提となる、世界で初めての事象でした。当然な

がら、行政、民間、そして市民セクター等の既存の枠組みでは対応しきれない事態であり、存在すらしていなかった領域での専門性が問われる事態ばかりでした。今こそ、これまでになかった広い視野を持ち、国境を超えた過去の事例、経験や知見に学び、新たな対応法を探る時かもしれません。

災害対策と
ソーシャルメディア

　1995年の阪神淡路大震災から17年の年月を経て、そして東日本大震災から1年以上を経過して、今後の災害対策について、複雑かつ深遠な想いを抱く方も多くいることと思います。

　災害時におけるソーシャルメディアの重要性については既に多くの人が体験し、様々なメディアでも震災以降の検証が行われている中で、改めて何が機能し、何が機能しなかったのか、今後災害時のソーシャルメディアの役割について考えることが求められています。

　ここで、アメリカを中心とした海外の潮流の中で今後の考察を深めるために参考になると思われる事例を2つ、ご紹介します。

ソーシャルメディア活用を積極的に推進する政府機関

　2011年、アメリカ国内では洪水、地震、山火事、ハリケーンと数多くの自然災害が起こりましたが、それらの災害時にソーシャルメディアを効果的に活用しながら次第にその存在感と重要性が増してきたのが、災害対応に特化した政府機関、FEMA（アメリカ合衆国連邦緊急事態管理庁）（写真1）です。

　日本では馴染みがないかもしれませんが、1979年に設置されたこの組織は約7500名ものスタッフを抱える災害対策専門庁で、その予算規模も58億ドル（約4600億円。2008年時）と、非常に大きな予算規模を持った巨大組織です。かつて2005年にハリケーン・カトリーナが発生した際には、その不手際が目立ち、国民の批判にさらさ

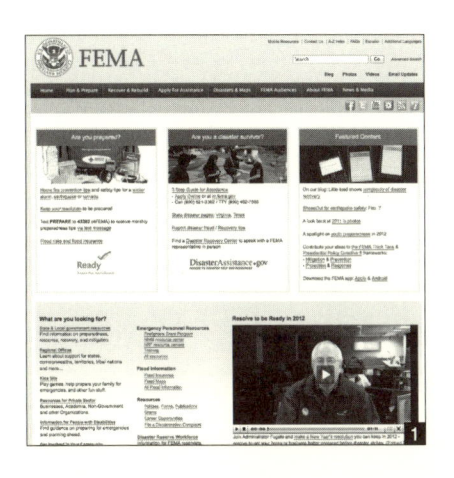

れることもあったのですが、それから6年が経ち、過去の失敗に学び、近年高い評価を得ることに成功しています。

　FEMAのソーシャルメディアの活用の立て役者としてよくメディアに登場するのが、2009年にオバマ政権において組織のトップに任命されたクレイグ・フューゲート (Craig Fugate) 氏です。危機管理対応に20年以上のキャリアを持ち、自身も危機管理に関する情報集約サイトを立ち上げた経験もあるフューゲート氏の就任後、市民との双方向のコミュニケーションを重視するアプローチは、静かに国民からの信頼を勝ち得ています。

　例えば2011年8月末、アメリカ東海岸に大型ハリケーン「アイリーン」が上陸した際には、前もってニューヨーク州・市等の地域行政機関と連携をとり、いち早く特設サイトを設置し、リアルタイムでハリケーンの状況や被害情報などを集約して閲覧できるようにしたことで、災害時のソーシャルメディア活用の成功事例として高く評価されました。

　市民からの声、被害状況を行政が集約し、コミュニティ全体としての対策をとることが重要であり、そのためにソーシャルメディア

の活用は欠かせない、とフューゲート氏は力説します。

　FEMAのすっきりしたホームページを見るとそこには主要なソーシャルメディアのボタンが全て用意されており、フューゲート氏自身も普段から積極的にツイッターやユーチューブ等を通じて災害対策に関する情報発信をし、一方では市民からの声に注意深く耳を傾けていることが分かります。

グローバルかつプロフェッショナルな災害対策ネットワーク

　2011年はアメリカのみならず、ニュージーランドの地震、タイの洪水、ソマリアの干魃等、世界中で大きな災害が起きた一年でもありました。今後、今までに経験したことがないような災害に相対することを想定した際、世界中の災害対応の経験から得られる知見、ネットワークへのアクセスを持つことはますます重要性を帯びてくることと思います。

　また、世界からの支援を受けながら東日本大震災からの復興に取り組んだ日本の経験こそが、世界中の災害対策のプロフェッショナルにとって貴重な教訓を提供しています。

　既に本書でご紹介した「インターナショナル・ネットワーク・オブ・クライシス・マッパーズ」(Social risk management04) という、災害・危機に関する位置情報の収集・整理に関係する有志のグローバルネットワーク組織は、その中でも注目の組織と言えます。改めて紹介しますと、各国の政策担当者、技術者、リサーチャー、ジャーナリスト、学者、ハッカー、そしてこの分野に強い興味を持つ医療、科学技術、人道支援等の専門家から構成されている、オンライン上で情報交換を行うネットワーク組織です。オフィスもなく、十分な予算もある訳ではない有志団体にもかかわらず、会員は2011年3月の約1200名（30ヵ国）から2012年5月の時点の約3800人（150ヵ国）まで、急激にそのコミュニティが広がりつつあります。

メンバーの中には、国連機関や世界銀行、そしてグーグルで勤務する人、あるいはウシャヒディと呼ばれるクライシス・マッピングに特化したエンジニア集団等が含まれています。「クライシス・マッパー」と呼ばれる有志たちは、2011年11月にジュネーブで開催された国際会議に400名以上が集まるなど、世界各地で取られた危機管理対応の経験を共有しながら、より効率的な災害対策のためのパートナーシップを構築しています。東日本大震災直後の日本でも、ウシャヒディが提供するオープンソースのソフトウェアを活用して運用された「sinsai.info」というプロジェクトが、重要な役割を果たしました。

　こうしたクライシス・マッパーの活動は、その後リビア、ソマリア、シリア等、中東・北アフリカの政情が不安定な国の現地状況を把握するために、国連機関から依頼を受けるほど、国際社会の中で重要性を増しつつあります。

米国赤十字社の災害時における
ソーシャルメディア活用法

　リアルタイム性に注目が集まる最近のソーシャルメディアの活用を考える際、米国赤十字社によるソーシャルメディア活用事例、そして米国赤十字社により発表された調査結果等は、従来のマスメディアとは異なる、新しい緊急災害情報メディアの誕生を感じさせます。

　赤十字社の専用フェイスブックページ（写真1）を見ると、「いいね」というボタンをクリックしてメンバーになった「コミュニティメンバー」が2010年9月時点で約20万人いました（2012年5月時点では約43万人）。

　2010年9月3日時点のトップページでは、発達中の新型ハリケーン「アール」に関し注意を喚起するなど、常に最新の情報と動画がビジュアルで分かりやすく表示されていました。

　それぞれの情報には多様なバックグラウンドを持ったメンバーからのコメント、要望、現場や各地域からの追加情報等が盛り込まれていました。

　米国赤十字社のソーシャルメディアマネージャー、ウェンディー・ハーマン氏はこう言います。

「米国赤十字社が国民に災害救済活動を知らせる際、フェイスブックは今や中心的な存在になっています。特にハイチとチリで起きた地震の後は特にその傾向が強まっています」

　2010年8月12日に赤十字社が主催した会議「エマージェンシー・ソーシャル・データ・サミット」の際、この発言を裏付ける調査報告が発表されました。

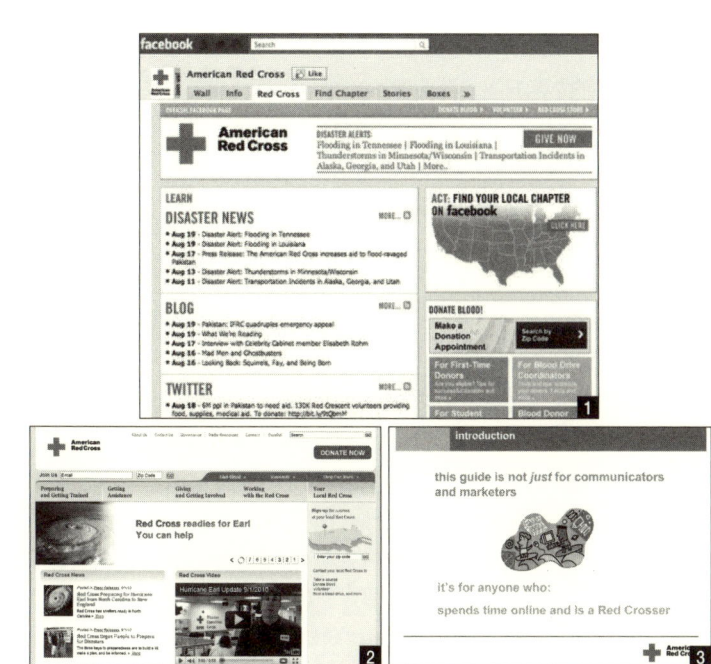

18歳以上の成人約1000人に対し、赤十字社が2010年7月にオンライン上で行った調査によると、緊急災害時に助けを求めたい場合、44%の人がSNSサイトを利用すると答え、そのうち35%は警察や病院等の機関が持つフェイスブックページの掲示板に、28%はツイッターのダイレクトメッセージという機能を使い直接連絡をする、とのことでした。

また、「緊急事態やニュース性のある事件を目撃した際、どのソーシャルメディアツールに投稿したことがありますか?」との問い(複数解答)に対し、75%がフェイスブックを選び、ツイッターは21%でした。「自分が安全であることを投稿するとしたら?」との問い(複数解答)に対しては、86%がフェイスブック、28%がツイッタ

Social risk management 06

ーという回答でした。

　刻一刻と移り変わる非常事態、緊急、災害情報を取り扱う赤十字社にとり、リアルタイム性を最大限活かすことが出来、友人、家族の安否確認にも威力を発揮するフェイスブックは既に欠かせない情報メディアとなっているのです。既にホームページ（写真2）よりも高い重要度が置かれ、そして多くの労力が、フェイスブックにかけられているようです。

　現在積極的にソーシャルメディアを活用している赤十字社ですが、2005年にハリケーン「カトリーナ」の被害が広がった際、ほとんどソーシャルメディアの対応をしておらず、組織内でSNSサイトにアクセスすることすら出来なかった状況であったことは、注目に値します。

　ハーマン氏が外部からソーシャルメディアマネージャーとして採用され、経営陣の理解を得ながら改良を重ね、今や成功事例として様々なところで引き合いに出されるまでになったのです。2008年7月にリリースされた、組織の内外に向けた「ソーシャルメディアガイドライン」（写真3）は今日見ても、非常に示唆に富む内容となっています。

　なお、2011年8月に米国赤十字社により行われた別の調査によると、実に24％の人は緊急時に自分の安否情報をソーシャルメディア経由で家族や友人に知らせると答え、8割もの人は災害時に国家の緊急対策にあたる組織はソーシャルメディアを活用して定期的に状況を把握すべき、と答えています。

　こうした声を受け、米国赤十字社は2012年3月には、デル、セールスフォース社からの支援を受け、「米国赤十字社デジタル・オペレーション・センター」をワシントンDCの本部に立ち上げました。部屋の中にある大きなスクリーンの中には災害に関係するキーワードを含んだツイッター、フェイスブック、ユーチューブ等の投稿がリアルタイムで、ビジュアル化した形で表示されており、何か災害

が起きた際には瞬時にして状況を把握することが可能になっています。併せて新しく始められた「デジタル・ボランティア・プログラム」により、全米のボランティアが有事の際に災害現場からの情報収集、検証を担い、大事な情報の拡散等で役割を果たすことが期待されています。

　米国赤十字社のこうした災害時のソーシャルメディア活用の多くは、東日本大震災後の日本でも多くの市民により実際に使われ、援助団体、行政での利用も少しずつ広がりをみせています。常に進化を続けるこうした海外の事例をヒントにしつつも、日本ならではの活用もより広がっていくことを願います。

084 Social risk management

ウェブ技術者と地域行政の出会い
～「コード・フォー・アメリカ」

　2011年1月、20名の若きウェブ技術者が参加する、米国の地域行政をよりオープン、透明、そして効率的にするための11ヵ月間のプログラム、「コード・フォー・アメリカ（Code for America）」（写真1）が始まりました。
「コード・フォー・アメリカ」の「コード」とは、コンピュータプログラムの「ソースコード」に由来する言葉で、「プログラミングをする」と同義語です。つまり、優秀なウェブ技術者を集め、選ばれた各地方都市の既存の行政サービスを改善するために、ウェブアプリケーションの開発をする、期間限定のプログラムのことです。
　全米の貧困地域のパブリックスクールに新卒大学生を教師として派遣する教育系非営利団体、「ティーチ・フォー・アメリカ（Teach for America）」をモデルにしています。
　ツイッターやフェイスブック等、ソーシャルメディアの発達により可能になりつつある個人間の情報の可視化、透明化、コラボレーションを、地方の行政サービスにも活用し、地域の社会的課題の解決を目指す、という野心的な取り組みです。
　一方で、大幅な予算削減に直面し、ますます増大する行政サービスを効率的に提供するための切実な実験ともいえます。
　プログラムの内容は合計11ヵ月間で構成されています。最初の1ヵ月はサンフランシスコに招聘され、ウェブ業界、行政分野の専門家による講演等を含むオリエンテーションを受けます。その後は5人ずつのチームに分かれ、1ヵ月間、初回プログラムで選ばれた4都市（ボストン、フィラデルフィア、ワシントンDC、シアトル）に

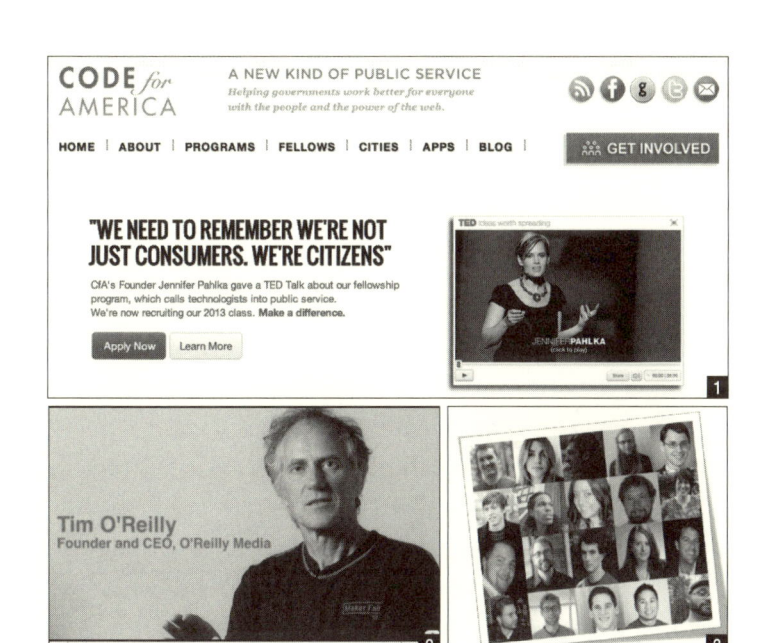

滞在し、各行政担当者や地域関係者へのヒアリングを行いました。

その後の9ヵ月間は、サンフランシスコのオフィスに戻り、各都市の担当者と連絡を取りながら、ウェブアプリケーションの開発を行う、というしくみです。ITスタートアップを生み出すための、インキュベーション・センターのようなイメージです。

IT業界、政府のリーダーに集められたウェブ技術者

設立間もないこの非営利団体が2010年の夏、第1期のフェローを募集した際の紹介ビデオ動画（写真2）には、ソーシャルメディア、行政府の第一線で活躍する人物が次々と登場します。

フェイスブック創業者のマーク・ザッカーバーグ氏、ツイッター

共同創業者のビズ・ストーン氏、ホワイトハウスの最高技術責任者（CTO）アニーシュ・チョプラ氏（当時、2012年1月に退任）等が、ウェブ技術者としてのスキルを、是非公共分野で活かしてほしい、と訴えています。

「Web2.0」、そしてウェブの技術を行政に活かす「Gov2.0」という概念を提唱しているオライリー・メディア創業者、ティム・オライリー氏も登場しますが、彼は「政府はユーザーの求めに応じてサービスを提供するプラットフォームになるべきだ」ということを近年強く訴えかけている、こうしたムーブメントの中心人物です。

結果、全米からの優秀なウェブ技術者362名から応募があり、厳しい選考を経て、2010年11月上旬に20名が選ばれました（写真3）。

参加者のプロフィールを見ると、通常であれば高給を約束されるような高い技術を持ち、また、それぞれの地域でウェブと地域の社会問題解決のためのサービスを既に運営している人も多く、こうした分野に取り組んでいる人の層の厚さを感じさせます。

財団、企業、地方政府、個人の投資で新しいものを生み出す

運営資金は「Gov2.0」や「オープンガバメント」を推進する様々な財団、ヤフー、マイクロソフト等のIT企業からの寄付、そして受け入れ側の各行政府側からの参加費（25万ドル＝約2000万円）により成り立つしくみとしてスタートしました。サンフランシスコでのオフィスはシスコシステムズ社のスペースを利用しました。

フェローに与えられる報酬は3万5000ドル（約280万円）の生活費と交通費のみですが、自分たちの技術が社会の役に立つこと、意義のあるプロジェクトに参加できることに何よりも魅力を感じて参加する人が多く、殆どの人が前職から条件を下げての参加です。

プロジェクト内容は受け入れ都市ごとに異なるのですが、ウェブ技術を用いることで市民が社会問題解決に参加できるプラットフォ

ームを開発することになっています。行政府が公開している膨大なデータを可視化したり、位置情報と関連付けたりすることで、より効率化した行政サービスを提供することを目標にしています。

　例えば、道端のらくがきや粗大ごみ、道路に出来た穴をスマートフォンで写真に撮り、位置情報を添えてウェブ上にレポートすることで行政サービスの迅速な対応を可能にする「シー・クリック・フィックス（SeeClickFix）」というサービス等がよく引き合いに出されます。このサービスは今ではニューヨーク、サンフランシスコをはじめとして全米の都市で活用されていて、地域の生活に密着した社会的課題の解決に役立っています。

　2011年の9月にはフェローにより開発されたアプリケーションの発表を兼ねたカンファレンスが開催され、アプリケーションはオープンソースで共有されました。まだまだ始まったばかりのプログラムではありますが、現在既に3期目のフェローが選抜され、派遣先となる都市も8都市にまで拡大しています。

日本でも拡がる気運

　行政の効率化、透明化が求められる状況は、日本でも同じです。内閣府行政刷新会議による「国民の声アイディアボックス」、経済産業省による「オープンガバメントラボ」、内閣による「高度情報通信ネットワーク社会推進戦略本部（IT戦略本部）」等、近年政府の試みも数多く見られます。東日本大震災を経て、こうした気運はますます高まっているように思います。
「コード・フォー・アメリカ」のようなセクターを横断した試み、そしてネット世代のウェブ技術者の視点、参加は今後必須になることと思います。

ビッグデータ・フォー・グッド

「ビッグデータ（Big Data）」というトレンドが近年急速に話題になりつつあります。情報通信分野の技術革新により大量で多様なデータのリアルタイムでの生成、取得、蓄積、分析、可視化等が可能になり、得られた知見を社会や経済の問題解決、事業の効率化に役立てようとすることを広く指す言葉として使われているようです。

2011年秋に封切られた実話に基づく米映画『マネーボール』（原作：マイケル・ルイス、2003年）の中では、ブラッド・ピット演じるオークランド・アスレチックスのゼネラル・マネージャー（GM）ビリー・ビーン氏が、データ分析を武器に新しい価値観で貧乏球団を立て直そうとする物語が描かれ、話題を呼びました。

映画の中でも、「経験や直感ではなく、データ分析に基づいた知見や意思決定は今後ビジネス、政治等あらゆる分野で必要とされる」というメッセージが力強く訴えられており、スポーツ界のみならず、ビジネス分野でも、この「ビッグデータ」が話題になるひとつのきっかけを提供しました。

顧客の属性や購買履歴を元にしたオンラインターゲット広告の進化や、顧客の消費行動から得られる知見を元にした商品・サービス開発等、様々な分野で、今後ますますイノベーションが加速していくことと思います。

一方、「ビッグデータ」ブームで注目すべき大きなトレンドは、データ分析を活用することで、行政や医療サービスの改善、そして途上国の経済開発、貧困撲滅等の分野においても、大きな役割が期待されている点です。

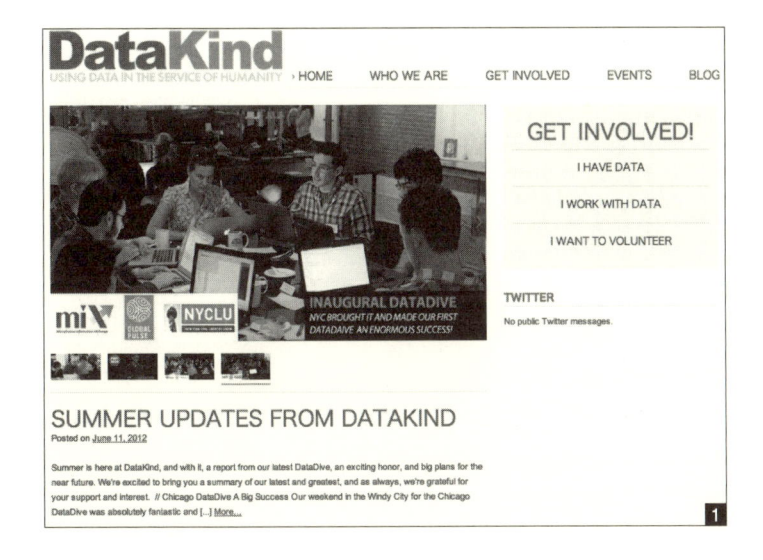

一番顕著な動きとして知られている例としては、政府機関が収集するさまざまな統計情報、地理情報、環境情報、伝染病の情報、予算、支出に関する情報等を、「オープンデータ」として公開する動きが世界に広がっていることです。

　アメリカ政府が2009年初頭に「Data.gov」を立ち上げたのを皮切りに、イギリスの「data.gov.uk」、カナダの「data.gc.ca」、フランスの「data.gouv.fr」、香港の「Data.One」、イタリアの「dati.gov.it」、サウジアラビアの「saudi.gov.sa」等、現在30ヵ国以上が専用のサイトを運営し、データをオープンにすることで政府機関の透明性向上、市民参加促進、政府内および官民の連携を進めています。

　こうした動きは今や政府機関のみならず、国連機関、NPOにも広

がりつつあります。そんな動きを後押しする試みの一つとして、データ分析の専門家（データ・サイエンティスト）によるNPOへの支援プログラム、「データカインド（www.datakind.org）[旧データ・ウィズアウト・ボーダーズ]（写真1)」というプロボノ・プロジェクトが今、注目を集めています。

「データカインド」

「データカインド」とは、データ分析を組織の運営に活かすための、そのような人材やリソースを持っていないNPO等と、優秀なデータ・サイエンティストとの橋渡しを行う、有志のプロジェクトです。

　ニューヨーク・タイムズのR&Dラボに勤務するデータ・サイエンティスト、ジェイク・ポルウェイ氏と、ニューヨーク大学のPhD課程在籍中のドゥルー・コンウェイ氏が2011年6月にブログ上で呼びかけたこの試みは、既に国連機関や大手NPOから支援の要請を受け、様々なメディアやカンファレンスを通じてその活躍が報じられています。

　例えば、2011年秋にニューヨークで行われた、週末24時間をかけてデータ分析に取り組む「DataDrive」というイベントには、アメリカ自由人権協会（アメリカン・シビル・リバティ・ユニオン＝ACLU）という伝統ある大手非営利団体がニューヨーク市内の警察官の取り締まり記録と地域住民の人種構成のデータを持ち寄り、各データをビジュアル化する作業が行われました。

　また、データ分析・活用に取り組んでいる国連機関のGlobal Pulseが途上国を含む23ヵ国の人々に対して行った携帯電話経由のアンケート調査の回答データを持ち寄り、その調査結果を動画としてビジュアル化する作業が、「データカインド」のメンバーにより実現しました。その成果は、11月にニューヨークで行われた国連総会で披露され、データ分析の重要性は、国連事務総長潘基文（パン ギ ムン）氏の以下

のようなメッセージを通じて強調されました。

「世界の多くの地域で、人々が仕事を失っていたり、病気になったり、食べ物がないというような事態が起きており、これらの兆候は開発に関するそれぞれのデータの中に含まれている。(民間企業がデータ分析に取り組んでいるように) 我々もリアルタイムでこうしたシグナルに耳を傾け、活用しなければならない」

　生まれたばかりのプロボノ・プロジェクト「データカインド」は、財団の支援を受け数名のスタッフにより現在運営されており、週末や夜の空いた時間を活用して、データ・サイエンティストが国境を越えて社会をよくするために取り組むことを目指す団体です。こうした専門性を持った若者達の取り組みが世界規模で広がっていることは、社会課題解決の効果的な実現という点で、非常に意義があることだと思います。
　システム自体は非常にシンプルな試みです。震災をきっかけに日本でも注目が集まりつつある技術者コミュニティの社会課題解決への参画という気運の中で、「ビッグデータ」をキーワードにしたこうした試みが日本でも更に広がっていくことを願っています。

話題のビジネス系SNS、リンクトイン(LinkedIn)の新機能

 東日本大震災に関連して、何らかの形でボランティア活動に参加した方も多いのではないかと思います。唐突な質問ですが、みなさんは就職・転職活動の際、履歴書にそれらのボランティア活動経験を記入したことがありますか?

 あくまで自分の周囲にいる友人・知人の体験談からの推測に過ぎませんが、実際に記載している人は少ないように思います。例えば、「そもそもボランティア活動とは人を助けるための行為であり、就職・転職活動のアピールに使うものではない」、あるいは「普段は営業の仕事をしており、子供への読み聞かせや、瓦礫撤去作業等はプロフェッショナルな業務とは関係ない」というような声が聞こえてきます。

 世界中で約1億5000万人が活用するビジネス系SNSサービス、リンクトイン(LinkedIn)(写真1)が米国在住の登録者約2000人に対しアンケート調査をしたところ、89%の人がボランティア活動に参加したことがあるものの、履歴書に記載したことがある人は45%という結果でした。

 リンクトインとはそもそも「履歴書代わりのSNS」として2003年に米国で設立され、2011年5月にIPO(新規株式公開)を遂げた注目のサービスですが、自分のプロフィール欄に詳細な職務経歴、学歴等を記載することが可能な点がフェイスブックやツイッターと異なる点です。ビジネスプロフェッショナルとしての自己ブランディングが可能で、就職や転職に限らず、広くビジネス分野の交流・ネットワーキングに活用されているサービスです。

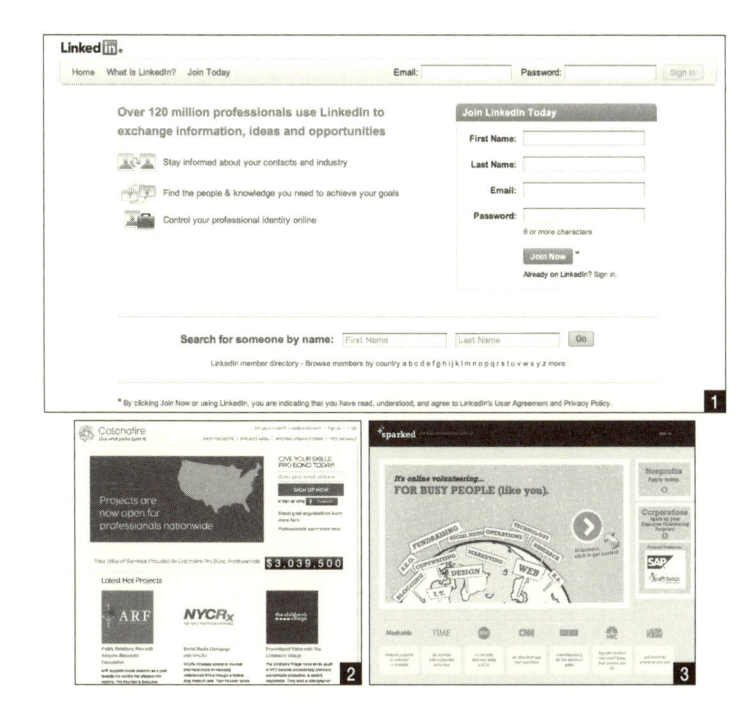

2011年9月に、そのリンクトインに新しい機能が追加されました。プロフィール欄に新たに「Volunteer Experience & Causes（ボランティア経験＆大義）」という項目が追加されたのです。

今までも自由記入欄に記載していた人はいるものの、こうした特別の記載スペースを設けたことで、環境、教育、自然災害＆人道支援等、自分が支持するCauses（大義）や、具体的なボランティア経験の所属団体、期間、スキル等を含め記載することが可能になったのです。

そもそも自分のキャリア履歴をオンライン上で公開するということ自体が、日本の多くのビジネスプロフェッショナルには馴染みがない考え方かもしれません。ただ、ボランティア経験の履歴書への

記載をこうした大手ビジネスSNSサービスが取り入れたことには、大きな意味があると思います。その背景にある事象を4つのポイントで整理します。

ソーシャルメディアがもたらした「露出社会」

ツイッター、フェイスブック、リンクトイン等のソーシャルメディアツールの登場により、就職活動、転職活動をする際、アピール出来る経験やスキルを持ってさえいれば、様々なメディアを活用して積極的に売り込むことが可能な時代になりました。また同時に、多くの採用担当者も選考の際に候補者のブログやソーシャルメディア上の発言を通じ、その人物の資質、スキル、ものの考え方等を知ることができるようになりました。

リンクトインが独自に行った調査によると、アメリカの採用マネージャーの5人に1人が採否の決定の際にボランティアの経験を根拠にしたことがあるという結果が示されています。

地域活動や社会貢献活動に対する価値観の変化

リーマンショック以降の長引く経済不況、そして世界各地で継続的に起きる大規模な自然災害等を経て、地域活動や社会貢献活動に従事することがより一般的になりつつあります。それは企業としても、個人としても無視出来ない時代感覚として、広がりつつあります。ソーシャルメディアを活用することでそういった気運の広がりが「ソーシャル・グッド」という新しいキーワードとして語られ、共感を持って特に若い世代に受け入れられていることが、そのなによりの証です。

高い失業率

　長引く不況により、アメリカでは失業率が9％を超え、特に16歳から24歳までの若年層は20％近くに達しています。アメリカに限らず世界的に広がる失業問題はリンクトインのようなサービスの必要性を高め、リーマンショック前の2008年初頭には登録者数が2000万人強だったサービスが今では7倍以上の1億5000万人に達しています。よりよい職を得る為にも他者との差別化が求められ、オンライン上にその人の興味や情熱を注いでいる事柄や関連するスキルを盛り込むことは、今後も増えることになると思われます。

ソーシャルメディア関連のスキルを磨くボランティア

　様々なビジネスの場面でソーシャルメディアが無視出来ない存在になりつつある現在、ツイッターやフェイスブックを活用するスキルや経験は、非常に重要なキャリア上の武器になりえます。ただ一方、現在の職務の中で、そのような実務経験を積む機会がなかなかないというケースが、実際のところ多いのではないでしょうか。

　ボランティア活動の中で、ツイッターやフェイスブックを効果的に使った広報活動、あるいはボランティアメンバー間のコミュニティ運営、イベントの企画・運営、あるいはオンライン上でのドキュメント管理・経理処理等、様々なスキルと現場経験を身につけることが可能です。米国では「キャッチアファイヤー (Catchafire)」(写真2) や「スパークト (Sparked)」(写真3) のようなソーシャルメディアのスキルを重視したプロボノ・マッチングサイトも近年登場し、多くの人に活用されています。

「プロボノ」とNPOを繋ぐ「キャッチアファイヤー(Catchafire)」

　ニューヨークに拠点を持つスタートアップベンチャー「キャッチアファイヤー(www.catchafire.org)」(写真1)は、2010年9月、会計、マーケティング、デザイン等の専門知識を持つボランティア希望者と、優秀な人材を必要とするNPOとをマッチングする、新しいオンラインプラットフォームをスタートさせました。

　アメリカでは約140万の非営利団体(NPO)が存在し、約1200万人が非営利セクターに勤務していると言われています(情報源：National Center for Charitable Statistics & Independent Sector)。

　ボランティア活動にも数多くの人が参加し、文化的、歴史的にもボランティア活動が日本よりも一般的に広く受け入れられていると言われています。

　NPOとボランティアを仲介するサービス、ウェブサイトも、15年以上の実績を持つ「アイディアリスト(www.idealist.org)」、10年以上の歴史を持つ「ボランティアマッチ(www.volunteermatch.org)」、近年ではオバマ政権が立ち上げた「サーブ・ガブ(www.serve.gov)」等が存在しています。

　ただ、「キャッチアファイヤー」創業者のレイチェル・チョン(Rachael Chong)氏が28歳にして新しくサイトを立ち上げた理由は、彼女自身の苦い経験に遡ります。

適材適所なボランティア活動の実現

　彼女にはかつてウォールストリートの投資銀行で働いていた際、自分のスキルを活かすことが出来るボランティアの機会を探したものの、見つかるのは例えば公園清掃、家を建てる、などのボランティアばかりだった、という経験があります。
「金融機関での知識・経験を活かせるようなボランティアの機会とは、半年かけても巡り合えなかった」と彼女は語ります。ソーシャルメディアの登場により、オンラインを通じた寄付、知識、アイディアを仲介するプラットフォームが続々と登場していたことは事実です。
　ただ意外にも専門的なスキルを活かすことを希望する個人と、そうしたスキルを具体的に求めているNPOを効率的にオンラインで仲介するサービスがなかったことが、自らサービスを立ち上げるきっかけとなった、と語っています。
　キャッチアファイヤーのしくみは至って簡単です。ボランティアを必要としているNPO団体、あるいはソーシャル・エンタープライ

ズ(社会的なミッションを強く持った企業・団体組織等)が必要なスキル、プロジェクト内容をサイトに登録します。

　出来るだけ具体的なプロジェクト内容、必要とされるスキル、所要時間・期間、打ち合わせの回数等をタスクとして切り出すうえで、NPO側もプロジェクトマネジメントの心構えが求められます。「会計・ファイナンス」の専門家はNPOの予算管理の仕事を、その他自分の専門スキルに応じて、ロゴのデザイン、ウェブサイトのアクセス解析、PR戦略立案等、非常に具体的なタスクを期待されます。通常2年から3年の実務経験を持っていることが条件となっています。

　プロジェクトのカテゴリーは大きく分けて8種類に分類されています。会計・経理、デザイン、マーケティング、マルチメディア、PR&コミュニケーション、ソーシャルメディア、戦略、テクノロジーです。

　ニーズの高いボランティアの内容は、広報(パブリック・リレーション)、マーケティング、ソーシャルメディアの戦略立案、マネジメント、ウェブサイト・デザイン等が挙げられます。

　ボランティアを希望する個人は自分のスキル、興味のある分野を登録します。海外では約1億5000万人のユーザーを持つ人気ビジネス用SNS、リンクトイン(LinkedIn)とも連動しており、既にそのサイトに登録されている自分の履歴書情報を簡単にダウンロードすることも可能です。

　ボランティアを必要とする企業は、応募があった人材との面接を経て採用が決まった際、成果報酬として一件につき約200ドルの手数料をキャッチアファイヤーに支払います。NPOではなくソーシャルベンチャーのスタートアップである同社は、精度の高いマッチングを確実にするためにも、こうしたところで収益を上げるビジネスモデルを志向しています。

　当初ニューヨーク地域のみでの運営でしたが、その後全米に拡

大、2012年5月の時点で1万人以上の個人、そして2500以上のNPOが登録しています。

高まる「プロボノ」への期待

日本でも近年「プロボノ」と呼ばれ、こうしたプロフェッショナル・スキルを活かした社会貢献活動に注目が集まっています。

日本において「プロボノ」のマッチングに実績のある特定非営利活動法人サービスグラントでは、「WEBサイト」「印刷物」「プレゼンテーション資料」「ロゴ／ネーミング」等、通常ひとつのプロジェクトを約6ヵ月間の期間で行い、これまでに延べ約1100人が登録、80件近いプロジェクトが実現しています（2012年2月時点）。

ソーシャルメディア時代の新しいボランティア活動との関わり方、その活動内容、そしてNPOと個人が出会う新しいしくみは、今後ますますニーズが高まるように感じます。ソーシャルメディア戦略立案、オンラインコミュニティ・マネージャー等の職種は、特に若い世代にとってはチャンスであり、必要とされるスキルとなることと思います。

ial risk management

世界で広がりを見せる「マイクロ・ボランティアリズム」

「マイクロ・ボランティアリズム」とは、5分、10分という細切れの時間に、インターネットやスマートフォンを活用することで多くの人の参加が可能となる、新しいボランティアの形態です。

サンフランシスコに拠点を持つ「スパークト（www.sparked.com）」（エクストラオーディナリーズ社が運営）は2008年7月に設立されたボランティアとNPOをつなぐマイクロ・ボランティア・プラットフォームとして知られており、2011年6月の時点で約3000ものNPOと30万人以上の人に活用されています。

世界での携帯電話、スマートフォンの普及がますます進み、社会的課題も増加、多様化する中で、イギリスでは2011年春、大手携帯電話会社が本格的なマイクロ・ボランティア・プロジェクトをスタートさせました。大企業の本格参入という点において非常に興味深い事例でもあり、その背景、概要を見てみたいと思います。

英大手モバイル通信ブランドによるプロジェクト

「オレンジ」とは、フランステレコムの子会社で英国で1700万人を超えるユーザーを持つ、大手モバイル・ブランドです（2010年5月、シェア4位のティー・モバイル UK〈T-Mobile UK〉との合併によりイギリス最大の持ち株会社「エブリシング・エブリウェア〈Everything Everywhere〉」が生まれたものの、ブランドとしては現在もそのまま運営）。

オレンジUKの取り組みとして2011年3月末にスタートした「ド

ゥー・サム・グッド（Do Some Good）」プロジェクト（写真1）は、スマートフォンの無料アプリケーションを利用することで、12のチャリティ団体が提供するボランティアのタスクに対し、モバイル・ユーザーに取り組んでもらう、というものです。

　それぞれのタスクは基本的に5分程度で完了出来るものが設定されていて、簡単なアンケートに答えたり、写真を撮ってレポートしたり、簡単なパラグラフを翻訳するというようなものが中心です。いくつか具体的なタスクを見てみましょう。

【マイクロ・ボランティアのタスク例】
・子供たちを遊ばせるのに適した公園の情報を写真とともにレポートする。
・途上国向けの技術支援のための細切れにされた「ノウハウ」情報の翻訳をする。
・食事したレストランが環境やサステイナビリティに配慮しているかどうかをアンケートとして回答する。

・チャリティ団体がサイトや制作物作成に利用できるよう、オンライン画像ライブラリーに撮った写真を寄付する。
・緑が溢れた場所、あるいは荒廃していて植樹すべき場所を写真と位置情報を添えてレポートする。

　これらのタスクは2010年8月に立ち上げられた準備サイトを通じ、ユーザー、NPO、そしてウェブの開発者からアイディアを募った結果、上位に選ばれたものです。
　オレンジUKは以前から社会貢献的なマーケティングキャンペーンを行うことで知られている会社で、その中でも2008年から毎年実施されている「オレンジ・ロックコア（Orange RockCorps）」というプログラムは代表的なものとして知られています。4時間のボランティア活動に従事することで、米人気歌手レディー・ガガ等著名ミュージシャンも参加するロックコンサートに招待する、というものです。マイクロ・ボランティアのプロジェクトは突然生まれたのではなく、こうした積み重ねがあるのです。
「ドゥー・サム・グッド」プロジェクトは開始から2ヵ月程で1万5000のアクションが実行され、合計約1000時間分の時間がボランティアとして費やされた、と特設ページのブログにレポートされました。

日本でも既に生まれているマイクロ・ボランティアリズム

　日本においても、東日本大震災以降、安否確認、被災地支援、放射線量マッピング、オンライン寄付等、インターネットを活用したクラウド・サービスの試みが数多く生まれました。
　そう呼ぶか呼ばないかは別にしても、「マイクロ・ボランティアリズム」と呼べるような気運、そして実績が日本においても高まってきていることを強く感じます。

ただ、震災後、せっかくの意義あるボランティア・プロジェクトや試みが、十分な資金、支援、そして枠組みが整わないことで、活動の継続が非常に難しくなることが多い、ということが、よく指摘されています。

　NPO約3000団体から寄せられる細切れのタスクの整理共有を可能にするスパークトのプラットフォームの力、そして巨大モバイル企業オレンジのブランド・マーケティングの力等、新しい潮流である海外の事例もヒントとして取り入れつつ、日本ならではのマイクロ・ボランティアリズムが今後広がることが期待されます。

『ツイッター・フォー・グッド』が語るT.W.E.E.T.戦略とは

　2011年秋に発売された『Twitter for Good: Change the World One Tweet at a Time（ツイッター・フォー・グッド：ツイート毎に世界を変える）』（写真1＝未邦訳）は示唆に富んだ内容でした。「非営利団体の組織、あるいは私たち個人が、社会をよくするためにツイッターをどう効果的に使うか」というテーマに関し、ツイッター社の社会イノベーション＆フィランソロピー担当責任者、クレア・ディアス・オルティス（Claire Diaz-Ortiz）氏が執筆した書籍ということもあり、実践的な活用法が体系立ててまとめられています。その内容からツイッターの真の価値が見えてきます。

T.W.E.E.T.戦略

　まずユニークな点は、著者であるディアス・オルティス氏が、2009年にツイッター社に入社する以前にアフリカのケニアにあるエイズ孤児支援活動を行うNPOを設立・運営していたという点です。限られた予算、人員等のリソースしかない状況下、ソーシャルメディアを活用することで如何に自分たちの活動を広く世の中に知ってもらい、協力・支援を得るか、という点は非営利セクターのみならず、昨今ビジネスの分野でもとても重要視されているテーマではないでしょうか。
　著者が本書で提唱する「T.W.E.E.T.戦略」は、5つの実践的で分かりやすいポイント（写真2）にまとめられており、各章ごとに豊富な活用事例が盛り込まれています。5つのポイントは以下の通り

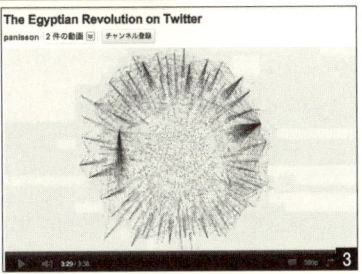

です。
T=Target　目標・目的の明確化。
W=Write　まず書いてみる。参加してみる。
E=Engage　関係構築をする。質問に答えたり、引用（RT）する。
E=Explore　評判に気を配り、影響力のあるユーザーを見つける。
T=Track　トラッキング・効果測定＆検証を行う。

　「Target」の項目では、いくら強調しすぎてもしすぎることがない、「そもそもなぜツイッターを利用するのか」を明確にすることの重要性が説かれています。その上で、NPOなどの組織でツイッターを活用する際のひとつの方法として、目的に応じてツイッターのアカウントを使い分けることが提案されています。

組織の公式情報、プレスリリースのような内容、そして自分の団体が取り組んでいる特定の分野に関する最新の調査結果やイベントの案内等を発信する際には、「インフォメーション・アカウント」と呼ばれるアカウントを利用し、業界のリーダーとして信頼されるような使い方が推奨されています。
　また一方で、組織の代表、スタッフ等が、「パーソナル・アカウント」と呼ばれるアカウントを別途持ち、日常の何気ない出来事、あるいは活動に取り組む中で感じること、ビジョン等を発信することで、より共感を集めることが可能であるとも指摘されています。
　アジア、アフリカの開発途上国に図書館や書籍、奨学金を提供する国際的に著名なNGOである「ルーム・トゥ・リード（Room to Read）」が、公式情報としては@RoomtoReadを運営しつつ、創業者であるジョン・ウッド氏がプライベートで@johnwoodRTRのアカウントを利用し、組織のリーダーが世界各地で活動する中で感じる考えや想いを発信する事例が紹介されています。
　「Engage」の項目では、効果的にツイッター上で関係構築をするための手段として、ハッシュタグの利用が一番に挙げられています。日本では海外に比べあまり積極的に活用されていない印象があるこのハッシュタグの機能とは、ツイートの中に、「#」で始まる記号をいれることで、誰もがそのハッシュタグを含む一連の投稿を閲覧することが可能になり、そのキーワードに興味を持つ人同士で広く情報の交換・共有が出来る点が特徴です。
　例えば、エジプトの民主革命の際に広く使われた「#jan25」というハッシュタグがあります（Activism02参照）。チュニジアでの革命が成功し、エジプトでも反政府デモの気運が高まりました。その際、21歳の学生が投稿した以下の発言がきっかけとなりました。
「1万6000人以上のエジプト国民が1月25日にストリートに集結します。ぜひ参加を！ #jan25 #egypt #tunisia #revolution」
　その後「#jan25」はエジプト民主革命の象徴的なキーワードとな

り、ムバラク政権が崩壊した2月11日までにツイッター上で「#jan25」を含むツイートは数多くの人に共有・拡散されることになりました（写真3）。

　また、東日本大震災直後に被災地での救助要請に使われた「#j_j_helpme」というハッシュタグも、ある個人のユーザーの提案で生まれ、多くの人に共有された活用例として紹介されています。ある出来事が起きている際、その文脈をうまく汲み取ることが出来るハッシュタグは瞬時にして多くの人に共有され、何万人、何百万人もの新しいつながりを生み出す可能性を持っています。こうした機能は、日本でも今後もっと広がることが期待される活用法なのではないかと思います。

　ツイッターの活用法に関しては、その他にも「どのくらいの頻度で、いつ投稿すればいいのか？」「組織の中で誰が担当するべきか？」「どのような効果指標を持つべきか？」等、数多くの疑問を持つ人が今でも多くいることと思います。本書の中には、特に非営利分野での実際の活用事例が豊富に盛り込まれていることから、初心者から既にある程度ツイッターを使っている人まで、多くの示唆に富むアドバイスが得られることと思います。

ツイッターの真価

　『Twitter for Good』は改めてツイッターが持つシンプルさや、そのオープンさがもたらす威力を思い出させてくれる内容です。今この時期に改めてツイッターの持つ可能性を考えるきっかけとして、また5つの分かりやすいフレームワークを通じ、ツイッター活用の目的、実際の活用法、効果測定方法等を見直す機会として、そして話題のソーシャルメディアツールが、「社会をよくする（Social Good）」ためのツールとして、大いなる可能性を秘めていることを読み取ることができます。

Chapter 3

– 109 –

Media

第3章 メディア

災害時に必要な
キュレーション・メディア

「情報が溢れていて、誰の意見、どんな情報に耳を傾け、どのメディアを信頼すればいいのか分からない」

日本全国、あるいは世界の多くの人々も、東日本大震災後の混乱に対して思ってきたことなのではないでしょうか。

もちろん政府や大手メディア、専門家は、慎重な議論と必死の取材活動、深い専門的知識と知見を踏まえ、情報の発信を懸命に行ってきました。ただ時々刻々と事態が推移する中で、例えば放射能の影響等に関しては、誰もが納得する明快な答えが非常に得にくい状況にありました。大手メディアから得られる情報のみならず、オンライン、海外からの視点も含め、総合的な情勢判断の元となる情報を、私たちは渇望してきました。

中東の民主化運動で脚光を浴び、東日本大震災でも安否確認やオンラインサービス同士のコラボレーションで急速にその威力を発揮しているツイッターやフェイスブックですが、残念ながらその負の部分も露呈しつつありました。デマ情報の拡散、情報が多すぎて追いつけない、というような点で「もうツイッターはあまり見ていない」という人も震災直後には多く存在しました。

計画停電のスケジュール、自然災害、放射線量等に関する公式な緊急速報等、日々の生活に影響があり、時に生命に関わるような情報への迅速なアクセスを持たないことは、マイナスの影響があることは否めません。自分自身、そして周囲の家族・コミュニティのためにも、正しい情報をタイムリーに得ることは今日、大切な日々の営みとなりつつあります。

キュレーション・メディア

　では、私たちはどのような情報を信じればいいのでしょうか？『キュレーションの時代〜「つながり」の情報革命が始まる』(筑摩書房刊)の著者でITジャーナリストの佐々木俊尚氏は2011年3月14日のツイートで、以下のように発言しています。
「メディアリテラシーの低い家族や親戚に自分がキュレーターとなって非マスメディア情報を配信して上げる、という災害時の小さなキュレーション活動が必要なんじゃないかと思う」
　キュレーションとは、同書内で「無数の情報の中から、自分の価値観や世界観に基づいて情報を拾い上げ、そこに新たな意味を与

え、そして多くの人と共有すること」と定義されています。

　佐々木氏のように日常的に多くの情報源に触れ、価値がある記事やブログのリンク等の情報を発信する個人や組織を参照する、という手法は効果的な方法のひとつです。

　また、自分の周囲にいる信頼に足る人のツイッター、フェイスブック、ブログでの情報を頼りにしている人も、多いことと思います。

　海外のサイトになりますが、2011年2月末にリリースされたengagedc.comの「ニュースブック（Newsbook）」（写真1）というサイトがあります。ニューヨークタイムズ、エコノミスト、ワシントン・ポスト等24の海外主要オンラインメディアの中から、フェイスブック上で「いいね」と評価されているコンテンツが常に上位表示されるというサービスです。自分と「友達」関係にある人が、ある記事に対して「いいね」と評価している場合、その情報も可視化されることになっています。

　オンライン上で信頼できる「目利き」を見つける、あるいはこうした自動集約サイトを参照することで、正しい情報をタイムリーに得ることができるのです。

自分ならではのキュレーション・メディア

　一般的なニュースや社会全体で話題になっていることではなく、自分の所属するコミュニティの中で注意すべき情報を整理し、共有することが必要な場合は、どのようにすればいいのでしょうか？そこで、3種類の便利なウェブサービスをご紹介します。

ソーシャルメディア・ダッシュボード
　ダッシュボードとは、インターネットにアクセスした時点で、あらゆる必要な情報を一覧できるような画面のことを指します。

　パイロットが飛行機を操縦する際、各種計器類をぱっと一覧でき

るような、あるいは証券会社のトレーダーが複数のコンピューターの画面を同時に見るような、そんなことをコンパクトに可能にするのが「Netvibes」(写真2)や「iGoogle」というソーシャルメディアコンテンツ自動集約化サービスです。

自動キュレーションサービス

「Paper.li」(写真3)、「The Tweeted Times」というウェブサービスがあります。これらは自分のツイッターのアカウント情報、あるいはフェイスブックの情報を登録することで、簡単に自分のニーズにあった「自分新聞」を作成することができるサービスです。

「Paper.li」では毎日希望する時間・メールアドレスに、「自分新聞」の最新版へのリンクを配信することが可能です。どのようなニュースが選ばれるかは、自分がフォローしている人の間で話題になっていること、あるいは自分が設定したキーワードに基づき、そこから自動抽出されます。

ウェブサイトの評価分析ツール

自動抽出で推薦されたり、人から薦められたりするオンライン上の記事に関し、その情報が本当に信頼に足るものなのかどうかが気になる際には、「Topsy」というサービスが便利です。

記事やブログのURLを入力するだけで、その記事がどれだけの規模の人にツイッター上で共有され、いつ誰がどのようなコメントを添えて共有しているかを一覧することを可能にしてくれます。

得体の知れない恐怖がもたらす不安を解消するためにも、幅広い情報源の中から「目利き」や、ソーシャルメディア上の集合知を通じ、正しい情報を得ることが今ほど大切な時はないのではないでしょうか。

ソーシャル・キュレーション・サービスの潮流

みなさんは毎朝起きて、最初にどのようなニュースメディアから日々の情報を得ますか？

テレビや新聞、ラジオのニュースでしょうか？　あるいは、スマートフォンやタブレットPCの普及に伴いデスクで、ベッドの中で、インターネットのニュースサイトから情報を得る人も増えているのではないでしょうか？

インターネットの急速な進化により、日々生成される情報の量は爆発的に増えつつあります。どのようにしたら効率的に自分が必要とする情報、ニュースを得ることができるのでしょうか？

世界中の多くの人が直面している「情報過多」問題の解決策として、最近注目を集めているのが、「ソーシャル・キュレーション」という考え方です。

ソーシャル・キュレーション・サービスとは

普段ツイッターやフェイスブックを利用している人は既にお気づきかと思いますが、私たちはインターネット上に溢れる情報の中から注目すべきものを探す際、信頼する人からのコメントと併せて紹介され、多くの人から「RT」されていたり、「いいね」をされていたりするものを選択するようになりつつあります。

ただ、ここで問題なのは、たくさんの人をツイッターでフォローし、フェイスブックで多くの人と「友達」になる過程で、本当に注目すべき情報の判断が難しくなっていることです。

そこで最近支持を得ているのが、「関連性」の高い注目すべき情報をウェブ上の情報の海から効率的に抽出してくれるサービス、ソーシャル・キュレーション・サービスです。

　具体的な例としては、Media01でも紹介した「Paper.li」、「The Tweeted Times」というサービスが広く知られています。

　これら二つのサービスの大きな特徴は、ツイッターで自分がフォローしている人の間で話題になっている投稿、あるいは自分で事前に登録しておいた検索キーワード等について話題になっている投稿を、極めて効率的に閲覧できる点です。

　スイスに拠点を持ち、2010年夏にサービス提供を開始したばかりの「Paper.li」は、2008年にニューヨーク大学准教授のクレイ・シャーキー（Clay Shirky）氏が語った『情報洪水などない。それは

フィルタリングの失敗だ』というアイディアにインスピレーションを受け、創業しました。

その後サービスは着実に成長を続け、2011年1月にソフトバンクキャピタル等ベンチャーキャピタル3社から合計210万ドル(約1億7000万円)の増資を受け、シリコンバレーの著名ベンチャーキャピタリストのガイ・カワサキ(Guy Kawasaki)氏や元ハフィントン・ポストのCEOであるエリック・ヒッポー(Eric Hippeau)氏をアドバイザーとして迎え入れています。

ソーシャルメディア・ダッシュボード

Media01に引き続き、改めてご紹介したいのが「ソーシャルメディア・ダッシュボード」です。気になるツイッターアカウントの最新の投稿、ブログの更新情報等を簡単に閲覧可能なサービスで、代表的なサービスとしては、「Netvibes」、「iGoogle」が知られています。

ソーシャルメディア上での人気度合いが反映されるわけではないものの、自分が注目しているブログの更新情報を一覧で見る際には、とても威力を発揮します。

ある特定のジャンルで影響力を持つブログサイト等を登録しておくと、個人ブログを執筆したり、あるいは特定のジャンルや地域の情報のキュレーションブログを執筆したりする際、とても役立つ心強いサービスです。

iPadとソーシャル・キュレーション・サービス

もうひとつ注目に値するトレンドに、iPadやスマートフォンに特化したサービスの盛り上がりがあります。コンテンツ閲覧用デバイスと相性も非常によく、2010年アップルが選ぶ「最優秀iPadアプ

リ」となった「Flipboard」(写真1)は、「Paper.li」「The Tweeted Times」同様、様々なソーシャルメディア・サービスと連動させてカスタマイズしたコンテンツの閲覧が可能です。iPadならではの洗練されたレイアウト、秀逸な操作性も多くのファンを引きつけている理由です。

　無料で提供されているアプリケーションは2012年2月の時点で800万回ダウンロードされ、1ヵ月に20億「フリップ」(ページビューに相当)を誇り、iPadの利用の広がりと併せ急成長を遂げています。

　その他iPadやスマートフォン専用のソーシャル・キュレーション・サービスとして、「Zite」、「News.me」、「Pulse」等、それぞれ特長を持った優れたアプリケーションも近年続々とリリースされており、ソーシャル・キュレーション・サービスの盛り上がりを顕著に見ることができます。

ソーシャルメディアが繋ぐ
米同時多発テロの記憶

　世界中の多くの人を震撼させたアメリカ同時多発テロから、2011年で10年の月日が経ちました。

　ニューヨークのワールド・トレードセンター跡地近くに開設された「9.11記念博物館 (National September 11 Memorial & Museum)」は、2011年9月11日に犠牲者の家族によるセレモニーが開催され、翌12日からは一般公開がされました。事前予約制のこの博物館は全米、そして65以上の国からすぐに30万人以上の予約が埋まりました。

　一人ひとりの記憶や共感を繋ぐメディアとしてのツイッター、フェイスブック、動画共有サイト、そして各種アプリ等を活用した「9.11」にちなんだ取り組みも活発に行われ、未曾有の事件を風化させないよう、多くの人が犠牲者を悼み、記憶し、そして互いに支え合おうという気運が強く感じられました。

　2011年9月11日は同時に「3.11」の東日本大震災から半年という一つの節目の日でもありました。今後どのように「あの日」のことを心に留め、立ち上がっていくかということに関しても、アメリカで行われた様々な追悼の行事、メディア活用は気になるところではないでしょうか。

　それぞれのソーシャルメディアを活用した注目の取り組みをご紹介します。

ツイッター
　数あるソーシャルメディアツールの中でも最もオープンで、リア

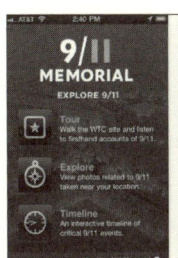

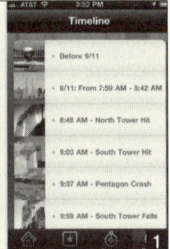

ルタイム性のあるメディアであるツイッターは、近年9月11日が近づき、また当日になると、多くの人が集まる場所として活用されてきました。ハッシュタグを活用することで、誰でもそのキーワードが含まれた一連のつぶやきを閲覧することが可能になるからです。

　数多くのハッシュタグがありますが、例えば、「#wherewereyou」は、テロが起きた時、初めて事件を知った時、自分がどこに居たか、を共有するために使われています。その他犠牲者を悼む際には、「決して忘れない」という思いを込めて、「#neverforget」、「#wewillneverforget」が使われています。その他9.11にちなんだものとしては「#911remembered」、「#remember911」等があり、10周年にちなんだつぶやきには「#10thanniversary」、「#tenyearslater」、「#10years」等がありました。

フェイスブック

　アメリカ国民の約半分、インターネットユーザーの約65％が使用するフェイスブックもやはり、9.11に関する数々のコミュニティの

コーディネーションを行う場所として様々な形で利用されました。
　クレジットカード会社のアメックスは200万以上の登録者を持つフェイスブックページ上で「I WILL VOLUNTEER」というフェイスブックアプリを開設、ボランティア活動をすることで地域に貢献したい、という市民の声に応えるため、全米のNPOやチャリティ団体が9月11日に実施するボランティア関連情報を、地域やテーマごとに検索することを可能にしました。
　ナショナルジオグラフィックチャンネルが始めたフェイスブックアプリ「Remembering 9/11: Where were you on 9/11?」は、世界中のあらゆるところで体験した「9.11」にちなんだエピソードを、位置情報を添えて投稿、共有することを可能にするサービスでした。ナショナルジオグラフィックチャンネルで秋まで放映された9.11関連のドキュメンタリー番組と連動していたこともあり、多くの人々に活用されました。

「9.11記念博物館」オフィシャルサイト

　「9.11記念博物館」のオフィシャルサイトもフェイスブックページを開設し、最新の関連情報が配信されました。「9.11記念博物館」のマルチメディア機能を駆使した過去のドキュメント、動画、音声を盛り込んだ特設サイト「9/11 Memorial Timeline」には、9月11日に起きた一連の出来事に関する貴重な資料がまとめられています。
　9月11日の朝にハイジャック犯が空港でセキュリティを通過する画像、客室乗務員が管制塔にハイジャックされたことを告げる音声、乗客が家族に残した留守番電話の音声、ワールド・トレードセンターが倒壊する瞬間の動画等、今まで公開されていなかったコンテンツが豊富に盛り込まれ、あの時のことが鮮明に蘇ってくる内容です。

iPhoneアプリ「Explore 911」

　専用のiPhoneアプリ「Explore 911」（写真1）も無料で提供されています。事件の全容の資料、グラウンドゼロ近郊のツアー、犠牲者の検索データベース、プロフィール等が盛り込まれたものです。

iPadアプリ

　マルチメディアを駆使する試みとしては、iPadのみで提供されるアプリケーション、「The 911 Memorial: Past, Present and Future」（写真2）が注目を浴びました。作者でありフィルムメーカーでもあるスティーブン・ローゼンバウム(Steven Rosenbaum)氏が2001年から集めてきた400枚の写真、40本以上のオリジナル動画は記録資料としても非常にクオリティが高く、公開から現在までに多くの人にダウンロードされました。

　以上数ある試みの一部をご紹介しました。私自身もちょうど2001年の9月11日にニューヨークで勤務していたこともあり、数多くのことば、音声、動画に触れることで、当時のことが鮮明に思い出されました。

アイスランド火山体験談にみる
新しい出版の形

　2010年4月にアイスランドで起きた火山の噴火。その影響で数多くの空港が封鎖され、多くの人が家に帰ることができない「難民」となってしまったことを、覚えているでしょうか？

　2010年9月10日、当時の「難民」経験をした人たちの体験談が集められた雑誌、『STRANDED（ストランデッド＝足留めをくらった、という意味）』（写真1）が、1号限定のオンデマンド出版による紙の雑誌として刊行されました。

　この雑誌の発起人であり編集を担当したニューヨーク在住のジャーナリスト、アンドリュー・ロソウスキー氏も、当時帰りのフライトの目処が立たず、滞在先のアイルランドのダブリンにいました。

　通常なかなか遭遇することがない、異国の地に足留めになる、という状況に対し、何か出来ないだろうか、と思ったことが雑誌が生まれたきっかけでした。

　彼のブログで同じ「難民」状態を経験した人限定で体験談を募り、「雑誌を作ろう！」と呼びかけたのです。この呼びかけはBBCのニュース記事、著名ブログサイト等でも取り上げられ、初日だけで30人からの連絡があり、最終的に50名以上の寄稿協力を得ることが出来たのです。

　完成した雑誌は全部で88ページ、同じく当時ニューヨークに「難民」状態だったスコットランド人のアートディレクター、マット・マッカーサー氏により洗練されたデザインに仕上げられました。

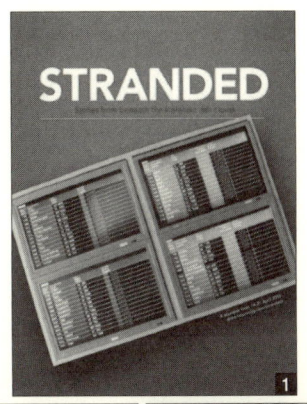

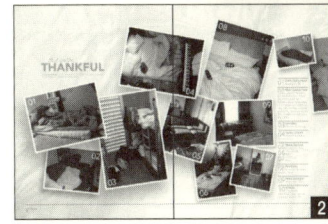

完全なデジタル編集

　ページをめくると、16時間かけて様々なルートでフェリーに乗り、帰国を試みたジャーナリストの話、パリのカフェで素敵な男性ウェイターと出会った女性の話等、特別な体験をした人たちの物語が綴られています（写真2、3）。

　また雑誌らしく、空港で足留めになったときに最適な、あるDJにより選曲されたオススメ曲リスト等も含まれています。

　各寄稿者が当時泊まっていたベッド（泊めてもらった家のソファ）の写真や、世界各地のバーで当時特別に作られた火山をテーマにしたカクテルのレシピ・写真等も含まれています。

　この「雑誌」は編集者、デザイナー、寄稿者が一度も直接会うこ

となく、電子メール、オンラインファイル共有サービス等を利用し、全てデジタルな形で編集作業がなされました。

　出版方法は「マグクラウド（MagCloud）」というサービスを利用することで、オンデマンド出版を行い、世界中どこでも発送されます。オンデマンド出版とは、在庫を持たなくとも雑誌コンテンツをデジタル情報で保存しておき、注文が入るごとに1冊からでも印刷・製本がされ、発送までしてくれるサービスです。

　売り上げから得られる収益は全て国際的な人道支援・難民支援NGO、国際救済委員会（International Rescue Committee）に贈られることになっています。

　今回の出版は、あくまで個人の発案で生まれた、ごく小さなプロジェクトです。ただこのプロジェクトを通じて、新しい時代のメディアのひとつのあり方が垣間見えたのではないでしょうか。

　人々は共有・共感体験をしたときに物語を語り、知りたいと思い、オンラインツールの発達により顔を合わせなくともひとつの雑誌を創りだすことができるのです。そして共感の意識が高いときには、そうした体験を通じて寄付行為まで実現できるのです。

125

絶大なるリンク誘導をもたらす「ドラッジ・レポート」とは?

　2011年5月上旬、ワシントン・ポスト、ニューヨークタイムズ等全米主要ニュースサイトがどのように読まれているかに関する驚くべき調査結果が、米独立世論調査機関ピュー・リサーチ・センターにより発表されました。

　調査結果によると、6割程度は各ニュースサイトURLの直接入力、あるいは各自のブックマーク経由、3割程度はグーグルが運営するニュースサイト（グーグル・ニュース）、あるいは検索結果経由とのことでした。

　ここまでは驚くに値しないかもしれません。注目に値するのは、約7％の流入をもたらしているのが、フェイスブックでもなく、ツイッターでもない、ニュース・アグリゲーション（集約）・サイト、「ドラッジ・レポート（www.drudgereport.com）」（写真1）という結果だったことです（フェイスブックは約3.3％、ツイッターは約1％）。特に政治関係のニュースが豊富なワシントン・ポストに関しては、サイト訪問者の約15％が「ドラッジ・レポート」経由という影響力の強さを示したのです。

「ドラッジ・レポート」とは?

　日本ではおそらくあまり馴染みがないこの「ドラッジ・レポート」とは、マット・ドラッジ（Matt Drudge）氏（写真2）が1996年に電子メールニュースレターとしてスタートし、1997年からは主要速報ニュースへのリンクに独自の見出しを盛り込み、運営をしている

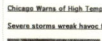

ニュースウェブサイトです。サイトを一見すると、あまりのシンプルさに驚くことと思いますが、ドラッジ氏がほぼ一人で運営しているにもかかわらず頻繁な更新がされていて、確かな目利き力が人気となり、今では月間ユニーク訪問者数は1200万〜1400万人を誇ります（2012年5月時点）。

　ドラッジ・レポートを一躍有名にしたのは、1998年、「ホワイトハウスのインターン」とビル・クリントン大統領の間の「不適切な関係」（モニカ・ルインスキー・スキャンダル）についてのスクープでした。ニューズウィーク誌が情報を持っていながら、そのことを公開しなかった、というニュースをドラッジ氏が報じたのです。ドラッジ氏自身は普段独自の記事を書くことは殆どなく、ニュース性があると思われる他の主要サイトの記事、コラムのリンクをいち早

く張り、独自の見出しをつけるところがその特徴です。

　例えば2011年5月30日の話題の見出しを覗いてみると、「Iran plans own Internet...」というとてもシンプルな見出しが、静かに追加されています。この記事はウォールストリート・ジャーナルの「Iran Vows to Unplug Internet（イランが外部とのネット接続を遮断へ）」の記事にリンクがされているだけです。

　ドラッジ氏はツイッターのアカウントを持っているものの、ニュースを配信するわけではなく、フォロワー数も約10万人程度です（2012年5月時点）。つまり、多くの人がドラッジ・レポートをブックマークして頻繁に訪れる、あるいは各種スマートフォン用のアプリにアクセスをすることで、その膨大なトラフィックが生まれているのです。

　ドラッジ氏のユニークな経歴も注目に値します。1966年生まれのドラッジ氏はワシントンDC近くのメリーランド州で生まれ育ち、高校を卒業後何年もの間、コンビニの夜間販売員や、書籍の電話セールス、食料雑貨店で販売アシスタントなどをしていました。1989年、ハリウッドに引っ越し、放送局CBSのスタジオのギフトショップで仕事を見つけ、そこで生の情報が行き交う中で、ゴシップ情報に通じるようになり、それがドラッジ・レポートの土台となったと言われています。

　米国において、個人によるメディアがここまでの影響力を持ちつつあることに隔世の感を改めて抱きます。メディア業界にいる方は今後のビジネスモデルを考えるヒントとして、そして若くしてキャリアを模索している方は、ひとつの個人ブランドの構築の仕方、新しいメディアの作り方として、ドラッジ・レポートから得られる教訓は多いのではないでしょうか。

129

ソーシャルメディア・ニュースサイト「マッシャブル(Mashable)」とは?

　iPad、フェイスブック、ツイッター等の海外ソーシャルメディア関連の最先端情報を常に発信し続けるニュースサイト、「マッシャブル(www.mashable.com)」(写真1)をご存知でしょうか?

　ソーシャルネットワーク上での影響力を数値化するサービスを提供するクラウト(Klout)社による2010年末の調査結果によると、CNNブレーキングニュース(@cnnbrk　2位)、ニューヨークタイムズ(@nytimes 3位)を抑え、最も影響力がある報道発信源としてマッシャブル(@mashable)が選ばれています。ツイッターのフォロワーの数は280万人以上、フェイスブックページでも90万人以上が「いいね」をクリックしています(2012年5月時点)。

　ソーシャルメディアについて興味を持っている専門家、技術系のブロガーの方にはお馴染みのサイトかもしれませんが、ここ最近の同サイトの急成長ぶりは注目に値するものがあります。そのインパクト、創業ストーリー、ビジネスモデル、今後の方向性についてみてみましょう。

ソーシャルネットワーク・ドリーム

　2011年5月にブルームバーグのテレビ番組でインタビューに答えたマッシャブル創業者、ピート・カシュモア(Pete Cashmore)氏(写真2)によると、当時同サイトの月間ページビューは5000万を超え、ユニーク訪問者数は約1400万人を誇っていたそうです。ソーシャルメディアに関連する速報ニュース、話題のトピックについ

ての解説記事を毎日40本程度更新する同サイトは、当時毎日約6万回ツイッター上で「リツイート＝RT」され、フェイスブック上でも4万5000回「シェア」されることで多くの人の会話の情報源となりつつあると紹介されていました。

　皆が話題にしたがるiPadの最新機種、あるいはグーグルやフェイスブックによる新サービス発表や買収、ソーシャルメディア関連企業の上場等に関する情報源として、世界中がウォッチしている情報源と言えます。

　一方で中東の民主化運動、あるいは日本で震災が起こった際等にもいち早くそれぞれの事象におけるソーシャルメディアの果たす役割やデータをレポートし、そのカバー領域を拡げる形でニュースを発信する巨大メディアとして成長しつつあります。

　このように影響力を持つブログメディアが、たった7年前、当時19歳のカシュモア氏がスコットランドの小さな街の実家の部屋で始めたブログであることは、日本ではあまり知られていないかもしれません。病気がちで高校の卒業が遅れ、大学にはいかず興味を持ったソーシャルメディアのトレンドについて発信するたった一人で始めたブログは、1年足らずで人気のあるブログとなりました。当時一部で話題になりつつあったソーシャルメディアの将来の重要

性、可能性にいち早く気づき、まだ競合もあまりない中で大量のニュースを配信し続けたことなどが、その人気の秘密であったと思われます。

　当時一人で一日8〜9本のブログ記事を執筆していたサイトに対し、突然アメリカの広告会社から月3000ドルの広告出稿の話があり、人を採用し、ビジネスとしての成長が始まりました。

　マッシャブルの近年の成長は目覚ましく、2010年の6月の時点で推定時価総額が1億2500万ドルと言われるほどに成長し、2012年3月にはCNNにより2億ドルで買収されるという噂が流れるまでに至ります。いったいどのようなビジネスモデルなのでしょうか？ 2011年のブルームバーグでのインタビューによると、広告収入が中心で約60％、その他はイベント企画、求人サイトの運営等から成り立っているとのことでした。

　飛躍的な業績を背景に、2011年春の時点で社員数も約50名となり、ニューヨークに拠点を持ち、その他サンフランシスコ、ロンドンに支局を構えるまでになりました。注目に値するのは、既存の大手メディア企業からの積極的な人材採用が進んでいる点です。

　2010年12月からコミュニケーション・ディレクターとして採用されたステイシー・グリーンは、元ニューヨークタイムズのデジタル・パートナーシップ／ソーシャル・メディア・マーケティング・マネージャー。2010年12月からビジネス・マーケティング関連編集者になったトッド・ワッサーマンは元『ブランドウィーク』誌編集長。2011年1月からサンフランシスコ支局長になったクリス・テイラー氏は元『ファスト・カンパニー』、『フォーチュン』、『タイム』誌等のベテラン編集者。そして、2011年1月からマーケティング・セールスのシニア・バイスプレジデントとして採用されたケン・デトレット氏は、元ジフ・デイビス社のセールス担当バイスプレジデントです。

　こうした優秀な人材が集まる背景には既存の新聞社や雑誌社が広

告費の激減で人員削減が進んでいること、また一方で成長しつつあるオンライン・パブリッシングに未来を託する人材が多いことが挙げられます。

　個人の情報発信の活動が、ソーシャルメディアを活用することで、ここまで社会にインパクトを与えることを可能にし、またメディアビジネスとしてここまでの大きな成長を可能にしていることに、改めて驚きを感じます。Media05で取り上げたニュースサイト「ドラッジ・レポート」とは、報道内容、対象読者層は異なるものの、ともに専門分野を持った個人メディアに対し、希望を持たせてくれる事例と言えます。

　既存のメディア、既存のビジネスのあり方に変化が求められつつある時代において、個人の自己実現の手段として、ビジネスの手段として、ソーシャルメディアによる情報発信の活動は今後より注目されていくことになると思われます。

ジャーナリズムの未来を担う
キュレーション・サービス

　アメリカのジャーナリズムの分野で、デジタル・メディアを活用した創造的な取り組みを表彰するナイト・バトン賞（Knight-Batten Award）というものがあります。2011年度の最優秀賞に選ばれたサービスは、設立からまだ1年半のスタートアップサービス、「ストーリファイ（www.storify.com）（写真1）」でした。
　「Storify」とは、ソーシャルメディア上に存在する膨大な量の情報を取捨選択することで、「Story（物語）+fy（化）」することを可能にするサービスです。本書でも何度も触れているように、自然災害や速報性の高いニュースが勃発した際、重要性の高い情報を整理し、時間の流れや文脈を踏まえた上で共有することを可能にするサービスの必要性は、今日ますます増えて来ています。
　「ストーリファイ」が可能にしていることは、ツイッター、フェイスブック、ユーチューブ、フリッカー等で公開されている現地発の写真や動画、あるいは信頼に足る公式コメントやニュース記事等を、簡単に整理してインターネット上に公開できることです。以前はジャーナリストやブロガー限定の招待制だったのですが、2011年4月末以降、誰もが無料でこのサービスを利用出来るようになりました。使い方はドラッグ＆ドロップのスタイルで、極めて簡単に視覚的な操作が可能です。日本でも同様の人気サイト「トゥギャッター（togetter）」や「NAVER（ネイバー）まとめ」といったサービスがありますが、ストーリファイは創業者の1人が大手通信社AP（アソシエイト・プレス）の元特派員ということもあり、ジャーナリズムの分野での利用に特徴があります。

写真1

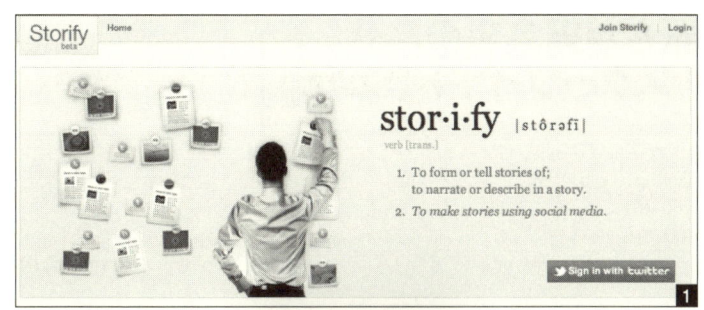

写真2

　特にストーリファイの知名度をあげるのに貢献した例として、公共ラジオ局NPR（National Public Radio）のシニア・ストラテジスト、アンディ・カービン（Andy Carvin）氏によるチュニジアの「ジャスミン革命」時のキュレーションの事例が知られています。

　過去にチュニジアでの駐在経験のあったカービン氏は現地の信頼できる情報源からのツイートをツイッターで拡散したり、ストーリファイを活用したりすることで、現地の様子を継続的に情報発信し、欧米の主要メディアに注目させるきっかけを作ったのです。

　その他に注目すべきストーリファイの活用事例として、中東の衛星放送局アルジャジーラ（Al Jazeera）で2011年5月からスタートしているニュース・トーク番組「ザ・ストリーム（The Stream）」（写真2）があります。

　ストーリファイやツイッター、フェイスブックを活用することで視聴者から取り上げてほしいテーマやコメントを求め、視聴者の生の意見を番組制作に取り入れることで新しいジャーナリズムのあり方に挑戦しています。

誰もが編集者の時代
「スクープイット(Scoop.it)」

　2011年あたりから、「キュレーション」という言葉を耳にする機会が増えた方も多いのではないでしょうか。東日本大震災直後に大切な情報を見極める必要性が生じたこと、爆発するソーシャルメディアの情報洪水の中で自分にとって本当に大切な情報を見極めることの重要性が日に日に増していること等が、背景として挙げられると思います。

　ここで新たにご紹介するのは、「誰もがキュレーター、そしてオンライン・マガジンの編集者になることを可能にする」というキャッチフレーズで2011年11月に一般公開された新しいキュレーション・サービス、「スクープイット（www.scoop.it）」（写真1）です。

　このサービスの特徴は、自分が興味や情熱を持っているトピックを選び、無料で登録をしておくだけで、自動的にそのトピックやキーワードに関連する良質なコンテンツがシステム内で検索され、その中で重要と思えるものだけ選ぶことを可能にしている点です。さらに、コメントを添えて投稿し、その投稿を独自のオンライン・マガジンのように出版することも可能です。ツイッターやフェイスブックのように、他の様々なフロー情報のひとつとして共有し、すぐに埋没させてしまうのではなく、利用者が選び抜いたトピックに関し、一覧性のあるビジュアル画面にストック情報としてまとめられる点も斬新です。

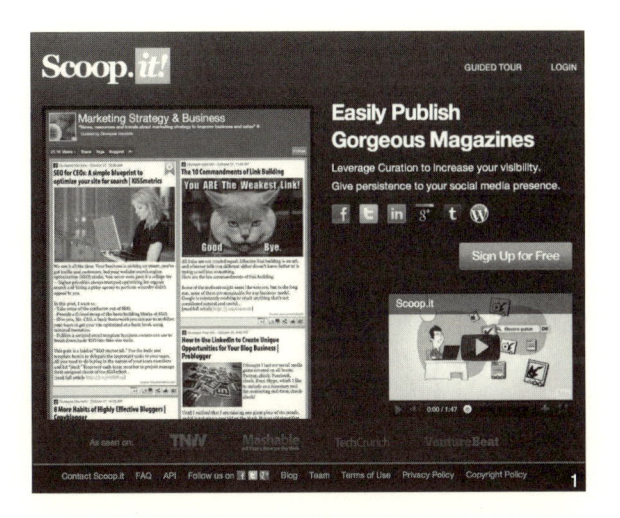

「キュレーション」に求められる「3つのS」

　キュレーションに求められるエッセンスとして、「Seek（情報を探し求めること）」「Sense（Make-Sense：意味を与えること）」「Share（共有すること）」の3つの「S」が大事であると言われます。実は今までも既に「Seek」や「Share」に関しては数多くのソーシャルキュレーションサービスが存在しています。

　私たちはツイッターやフェイスブック等を経由して信頼する友人から最新の情報をもらい、その他にも既にご紹介した「ペーパーリー（Paper.li）」や、iPadやスマートフォン利用者に人気の「フリップボード（Flipboard）」や「ザイト（Zite）」等のサービスを利用することで、アルゴリズムにより抽出された有益と思われる情報を効率的に「Seek（情報収集）」することができます。

　また「Share（共有）」の方法に関しても日本で人気の「トゥギャッター（togetter）」「NAVER（ネイバー）まとめ」、海外でも存在感を増しつつある「ストーリファイ」等のいわゆる「まとめ」系サ

ービス、その他にも手軽なブログプラットフォームとして爆発的な成長を続ける「タンブラー（Tumblr）」等を利用し、その上ツイッターやフェイスブックで拡散することで非常に多くの人に情報を発信することが可能になりました。

　スクープイットがユニークなのは、この情報収集と共有を一つのプラットフォームで容易に実現できること、そして何より、自分が興味や情熱を持っているトピックを絞ることで、そのトピックについての目利きとして、意味付けをすることを奨励している点です。

　コンテンツにコンテキスト（文脈）を与え、そこに意味付け（sense making）をする技術は、一部の出版・編集に従事する人が長年の経験に基づいて得られるプロフェッショナルスキルです。このスキルが誰にでも簡単に得られるようになるとは思いません。

　ただ、今日、世の中の事象が今までの常識を覆すようなスピードで進化をし、多様な分野に国境すら越えて広がっていった際、個人があるトピックに対して抱く「興味」「情熱」、そこから生まれる知識や知見、その世界観は、その分野に限って言えば、プロ編集者顔負けのレベルに達することもあり得るのではないかと思います。

　とはいえ、スクープイットのユーザーは定期的にオリジナルのブログを書くレベルまでコミットすることを志向せず、ツイッターとブログの間にある「手軽さ」を好むユーザーがターゲットのようです。オリジナルコンテンツを創造しなくとも、特化したトピックに対する「情報収集力」と「目利き力」でどこまでの「メディア」が今後つくられていくことになるのか、注目してみたいところです。

　スクープイットはベータ版ユーザーの利用のみの時点では月間ページアクセスが200万程でしたが、毎月35％以上のペースでユーザーベースが拡大中とのことでした。2011年末の一般公開後は、数多くの企業、非営利団体、そして個人からの利用が増えており、有料サービス（個人は約13ドル／月、企業は79ドル／月）に申し込みをするとレイアウト編集やアクセス解析も可能になります。今後こ

のサービスがどのように使われるかは未知数ですが、海外における
ソーシャル・キュレーションに対する注目度は日本よりも高く、こ
の先も成長する余地があるサービスなのではないかと思います。

ツイッターTV！

　皆さんは、テレビを見ながらその番組に関してツイッターでつぶやいたり、関連するいろいろな人の発言を見たりしたことがありますか？　あるいはツイッターだけを見て、テレビ番組をもう見ない、という方はいますか？

　ツイッター社のメディア・パートナーシップ・ディレクター、クロウィー・スラッダン（Chloe Sladden）氏は2010年に米国ビジネス誌『ファスト・カンパニー』の12月号のカバー・ストーリー、「見逃すことの出来ないツイッター・テレビ」という特集記事（写真1）で、次のように語り、ツイッターはテレビの敵というよりも、視聴者を呼び戻す味方にもなりうることを訴えています。
「今年起きた様々なイベントを振り返る際、スーパーボウル、冬季オリンピック、ドラマの『ロスト』、チリ救出劇……、常に活発なツイッター上でのディスカッションがありました。

　今（米国のテレビ視聴のあり方で）起きていることは、スポーツ、事故、そして災害等のリアルタイムのライブ中継に対し、ツイッターを通じて視聴者が共有体験として集い、語り合っているようなものなのです。

　もし生のテレビ番組そのものを見ずに、友達や、有名人、あるいは見ず知らずの人のコメントをツイッターで読んでいるだけなら（テレビを見ながらツイッターをするという新しい視聴方法からすれば）、あなたはそのショーの半分を見逃しているのです」（筆者抄訳）

　この記事は、なにもツイッター社が新しく作ったテレビの話では

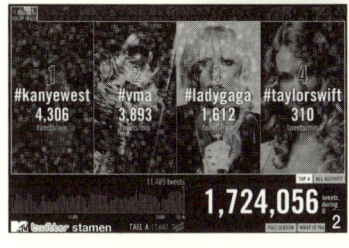

ありません。世界で当時1億6000万人のユーザーによって、毎日合計9000万以上ものツイートを発信するリアルタイム・コミュニケーション・ツールが、どのようにしてテレビ視聴という体験を定義し直そうとしているかについて書かれた記事です。同誌上では、報道ニュースのCNN、音楽番組のMTV、アメリカンフットボールリーグのNFL、そしてグーグルのような企業が収益を生むしくみとしてテレビとの連動ビジネスに注目し、取り組んでいる様子が詳細にレポートされていました。

ツイッターと「ライブ」の相性

2010年話題になった事例として、9月に開催された、音楽チャン

ネルMTVによる、「ビデオ・ミュージック・アワード2010」(写真2) というイベントのことが紹介されていました。

　ツイッター上でそれぞれ当時約720万アカウント、600万アカウントから「フォロー」されていた人気歌手レディー・ガガ、ジャスティン・ビーバー等が登場した同イベントには、ツイッター専用サイトが設置され、ファンや視聴者は自分の好きなアーティストについて簡単に投稿、閲覧することができたのです。

　イベント会場入り口のレッドカーペットでレポーターがツイッターを通じて実況中継したり、有名アーティストがバックステージや、パフォーマンス後の控え室でさりげなくつぶやくことで、視聴者達もまさに同じ空間を共有することを体験でき、次々とつぶやきの連鎖が起こりました。

　結果は番組の放映時間中、合計約230万件のつぶやきが配信され、実際のテレビ番組視聴者も1140万人に達し（前年比26％の増加、低迷していた4年前の視聴者数の約2倍）、2002年以来過去最高の視聴率を弾きだすという成功を収めたのです。

　広告業界専門サイト「アドバタイジング・エイジ」によると、同番組のテレビコマーシャルの収益は前年比26％の増加で、MTV.comでの関連オンライン広告に至ってはなんと68％という大幅な増収をもたらしたのです。

　こうした現象はアメリカだけのことではありません。記事の中にはサッカーのワールドカップ期間中に、日本がデンマークに勝利した試合直後の「秒間」ツイート数が3283回の世界最多記録（当時）に達したことも触れられています。日本人によるツイートがおおいに貢献した事例です。

　このような「ライブ」の要素が重視されるイベント、結果の分からないスポーツ等は極めて親和性があり、多くの人の注目を集めるコンテンツとして紹介されていました。

可能性が眠る連動マーケティング

　ただ日本におけるツイッターとテレビとの連動マーケティング活動に関しては、残念ながらアメリカほど進んでいるとは言えないようです。

　私にとって、ツイッターの威力を個人的に「体験」した経験は、実は2010年大晦日のNHK紅白歌合戦（写真3）でした。DREAMS COME TRUEや、ユーチューブの動画で一躍有名になった英国のスーザン・ボイルさんが登場した際に、ツイッター上で大量の感想やコメントが流れていました。その新しい「体験」はとても新鮮なものでした。

　2010年の紅白歌合戦では正式なツイッターアカウントが設置され、特設ホームページも公開されました。数多くのツイッターユーザーを持つ日本において、この視聴率が30％を超える唯一の音楽番組で、今後どのようにツイッターが利用されていくのか、一視聴者としても非常に興味を持っています。

　前出の『ファスト・カンパニー』の記事によると、ツイッター社は当時既にスターバックス、コカ・コーラ、ナイキ等、約100社の一流広告クライアントから収益をあげつつあるとのことでした。厳しい経営環境が叫ばれるテレビ広告業界にとって、ツイッターが救世主になるかどうか、アメリカでの事例から参考になる点があるように思います。

ツイッターとテレビ視聴の統合を占う「スーパーボウル」

　MTVの音楽イベント、ワールドカップ等で話題になった、ツイッターを通じてのテレビ視聴体験は、たとえ一人で番組を見ていたとしても、あたかも大きなテレビ・スタジオにいるような体験をすることを可能にしました（Media09）。また、テレビ離れが叫ばれている中、ツイッターをきっかけに人々がテレビの前に戻る可能性も見えてきました。ここでは、国内外の事例から活用方法のヒントを探りつつ、新しい業界の取り組みをご紹介します。

ツイッターがインパクトを与えうる3つの領域

　ツイッター社のメディア・パートナーシップ・ディレクター、ロビン・スローン氏は「新しいテレビ視聴時代にツイッターがインパクトを与えうる3つの領域がある」と2010年11月上旬に開催された「NewTeeVee Live　カンファレンス」で紹介しました。

番組との同期ツイート（synchronous show tweeting）

　番組放映中にスタッフが舞台裏の状況をつぶやいたり、動画や画像を配信したりすることで追加文脈、情報を視聴者に届けつつ、一方で視聴者とも番組について見たこと、感じたことをリアルタイムで共有することを促す手法です。360度、あらゆる角度から番組を盛り上げるこの手法は、番組と視聴者との一体感を高めることを可能にします。具体例として、2010年8月に放映されたエミー賞（テレビ業界の業績を称える賞）の授賞式（写真1）を挙げ、「バックス

テージ・ライブ」としてユーストリームを使った舞台裏中継のことが紹介されました。プロデューサーデスク、舞台袖、出演者の控え室、メイキャップルームまで、何気ない様子を専用ユーストリームチャンネルで流し、ひとつのイベントを視聴者に多層的に体験してもらうことを可能にしました。

ソーシャル視聴 (social viewing)

ソーシャル視聴とは、他人や友人のつぶやきを通じて見たい番組を見つけることを可能にするような視聴スタイルを指します。また、仮に独りで部屋の中でテレビを見ていたとしても、友人や同じ趣味・嗜好を持つ不特定多数の人との緩やかな一体感を持てるような視聴のあり方とも言えます。

スローン氏は講演で「ツイッターは新しい電子番組ガイド（EPG: electronic program guide）だ」というたとえを用いていましたが、日本のKDDI研究所が開発中の「ソーシャルリモコン」は、そんな未来を現実のものにする可能性を秘めています。
　ソーシャルリモコンはツイッター上のつぶやきに含まれる情報を活用して、テレビ番組などの注目度や満足度を分析し、どんな属性の人が視聴しているかを推測することを可能にしています。なお、2010年にアメリカでスタートしたソーシャルメディア時代に対応したテレビガイドのようなサービス、「ソーシャルガイド（Social Guide）」、2011年に英国でスタートした「ジーボックス（zeebox）」はまさにこうしたビジョンを後に現実化したサービスとして今日広く海外で利用されています。

新しい種類のコンテンツ（new kinds of content）

　3つめは、ツイッターを利用することで、視聴者とのやり取りから新しいコンテンツを生み出す、という手法です。
　例えばMTVの音楽イベント「ビデオ・ミュージック・アワード」の授賞式ではDJならぬTJ（ツイッター・ジョッキー）を起用して視聴者に質問を投げかけ、リアルタイムで人気投票を行ったり、ツイッター上の会話を盛り上げたりすることに成功しました。

スーパーボウル放映で見えた可能性

　こうして現在話題になりつつあるツイッターによるテレビの復権を背景に、関連広告ビジネスは盛り上がりの兆しがうかがえます。顕著な例は2011年2月6日（米国時間）に放映された米国最大のスポーツイベント、アメリカンフットボールNFL優勝決定戦である「スーパーボウル」（写真2）でした。

その前の2010年大会は不況の影響もあり、30秒のCM枠1回で平均価格は約290万ドルと、前々回からの値下げが関係業界全体を心配させたものの、2011年大会は平均価格は310万ドルへと上昇しました。しかも前回よりも1ヵ月も早く、2010年10月末には広告枠が売り切れとなり、前回広告出稿を見送ったペプシが復活、また破綻後再上場を果たしたゼネラル・モーターズ等も出稿しました。

　米調査会社ニールセンによると、2010年のスーパーボウルは推定視聴者数1億650万人、世帯視聴率45％という史上最高の記録を打ち立てました。また、7人に1人は試合を見ながらウェブサーフィンをしていた、とニューヨークタイムズの記事でニールセンが分析していました。なお、2011年のスーパーボウルの推定視聴者数は1億1100万人、世帯平均視聴率46％で、2012年には視聴者数が1億1300万人、視聴率も47.8％と右肩上がりの上昇を続けています。

　ツイッター等のソーシャルメディアが視聴者を呼び戻している、ということはもはや業界関係者では無視できないトレンドとなりつつあります。2012年5月の時点でツイッター社の時価総額は70億ドル近くと言われており、新たな出資を狙う投資家の期待を強く集めています。2010年春から開始したばかりの様々な広告出稿のプログラムによる収益は企業サイズからすればまだわずかではありますが、今後の成長余地を十分に持っていることは明らかです。

　2011年10月にニールセンが発表した「視聴率とソーシャルメディアの関係」に関する調査結果によると、「ソーシャルメディア上の口コミが9％増えると、視聴率が1％上がる」という結果すらある程です。

出版社がポータル提供、
著者がマーケターの時代に

　2011年10月、米大手出版社で、スティーブ・ジョブズ氏公認の伝記の出版元でもある、サイモン＆シュスター社（写真1）が新しく発表したサービス、「Author Portal（著者のためのポータル）」（写真2）は、とても革新的なことを出版業界にもたらしました。

　同社から書籍を出版した著者（イラストレーター、エージェントも含む）のみが登録可能なこのサービスを利用することで、著者は自分が出版した書籍の主要な売上データを閲覧することが可能になったのです。

　実はオンライン小売り大手のアマゾン・ドットコムも2010年12月から同様のサービスを提供しているのですが、対象は紙で出版された売り上げの75％分のみでした（ニールセン・ブックスキャンのデータより）。サイモン＆シュスター社のポータルでは電子書籍、ハードカバー、文庫、そしてオーディオブックの過去6週間分の売上データの閲覧が可能で、店舗ごとの詳細なデータまでのアクセスはかなわないものの、売り上げ全体のデータにアクセスが可能になったのです（エージェント専用のポータルもあり、そちらでは過去全期間の売上データへのアクセスが可能）。

著者自らがプロモーション

　もう一点、同ポータルの特徴的な点は、著者が書籍のプロモーションを効率的に行えるよう、フェイスブック、ツイッター、ブログ、ユーチューブ等のソーシャルメディア・ツールを使いこなすための

アドバイスがウェブ上で提供されている点です。「ウェブ・ブート・キャンプ」と称したこのプログラムを通じ、同社のデジタル・マーケティング・チームのメンバーがオンラインでのインタラクティブな講座も提供しています。

　かつて著者は本を執筆し、本を売ることは出版社の仕事とされることが一般的な認識でした。ただ今日のようにソーシャルメディア上の共感やクチコミが本の売り上げに重要な役割を果たす時代において、もはや著者は本を書くだけではなく、マーケターとして本を売ることが求められる時代になりつつあると言えます。

　出版社による〝著者ポータル〟開設、そして「マーケターとしての著者への期待」という動きは、サイモン＆シュスター社以外にランダムハウス社もその後2012年3月にポータルを開設し、アシェット社の書籍グループも2012年開設予定と公表していることからも、見て取ることができます。

ソーシャルメディアを活用した書籍プロモーション

　英語で「author marketing（著者マーケティング）」とウェブサイトを検索してみると、数多くの専門エージェントやコンサルタントが存在し、著者自身が自分で出来る効果的なマーケティング方

法についてのアドバイスがまとめられたブログ記事を多数見つけることができます。

フェイスブック、ツイッター、ブログ、そしてメールマガジン等を運営することで書籍出版の裏話や興味喚起するコンテンツ情報を共有したり、読者同士のコミュニティを開設したり、どのようにして影響力のある人に書評を書いてもらったりするか等のアドバイスを、ウェブ上で容易に見つけることができます。

各出版社のユニークな取り組みが事例として紹介されていることもありますが、著者が自分でどのようにセルフ・ブランディング、セルフ・プロモーションをするかに関する情報のほうがネット上では数多く目にすることが出来ます。

もちろん日本でもソーシャルメディア上での影響力を持っている人は書籍の売り上げに優位性を発揮することもありますが、専門のエージェントやコンサルタントが数多く存在する米国の状況は、日本ではあまり見ることがない専門サービス、職業であり、非常に示唆に富むことが多いものです。

日本国内でも豊富なブログ文化やソーシャルメディアの盛り上がりに後押しされる形で、数多くの書評がウェブ上で共有され、本に関するオンラインのコミュニティやリアルの読書会が生まれつつあることも近年目立つようになってきたように感じます。

ただ、日本では著者がそのコミュニティに積極的に参加していく、ということに関してはなかなか効果的な接点が存在していなかったようにも思います。

米国に見られるようなリアルタイムの売上データの開示が今すぐ可能になるかは不明ですが、出版社が読者と著者を結ぶようなポータルとしての場所、そして著者に対して効果的なソーシャルメディアツールを指南することで、書籍を巡る出版社、著者、読者のコミュニティの盛り上がり、ビジネスの発展は早々に可能になるのでは、と強く感じます。

151

「学び曲線の共有」による
新ジャーナリズムの可能性

「もしあなたが、ある特定のテーマに関して知識がゼロの状態から定期的にブログを執筆し、寄せられたコメントやフィードバックを継続的に共有することで、学びをウェブ上で広めていくことができたら……」

そう提案するのは、現在ロンドンを拠点に活躍するオランダ人ジャーナリスト、ヨリス・ライエンダイク（Joris Luyendijk）氏（写真1）です。

ライエンダイク氏は1998年から2003年までの5年間、オランダの有力紙の中東特派員としてエジプト、レバノン、パレスチナに滞在し、数多くのニュースを伝え、活躍した経験を持つジャーナリストです。一方で、それらの経験を通じ国際メディアの構造的問題や制約を感じ、アラブ社会の本当の姿をなかなか伝えることが出来ないというフラストレーションを持つに至った経験の持ち主でもあります。当時の体験を率直に綴った著書『こうして世界は誤解するジャーナリズムの現場で私が考えたこと』（英治出版）はオランダで25万部を超えるベストセラーとなり大きな反響を呼びました。

著書の中でライエンダイク氏が伝えていることは、中東の政治、テロ等のニュースを報道する際、国際的な西欧のメディアはどうしても視聴者の「見たいもの＝ステレオタイプ」に偏重する傾向があり、それは個々のジャーナリストがコントロール出来る範囲を超えたものであった、ということです。

いかに本質に迫るか

　一特派員としてのジャーナリズムの限界を感じたライエンダイク氏はその後、ある解決策を思いつきました。現場のストレートニュースをレポートするのではなく、コラムニストとしてオンライン、オフラインで読者と対話をしながら、一つのテーマについて掘り下げ、本質にアプローチするというものです。その実践プロジェクトとして、英ガーディアン紙に「Banking Blog」と題した定期オンライン・コラムを2011年9月から執筆しています。

　世界の格差デモで批判を浴びる金融関係者の実態を、インタビューやコラムへの反響を元に記事として綴り、オンライン上で共有することで学びを深めていくという取り組みは注目を浴び、「TEDxアムステルダム」でプレゼンテーションをする等、講演やTV出演を通じてメディアのあり方についても発言しています。

　彼が著書『こうして世界は誤解する』の邦訳版の発売に合わせ来日する機会があり、直接話を聞くことができました。

まず彼が現在の英ガーディアン紙上で連載し大きな反響を集めている「Banking Blog」というコラムについて伺ってみました。
「英ガーディアン紙との共同企画で昨年秋から始まった本コラムでは、普段なかなか実態が分かりにくい金融業界のしくみ、また金融業界で働いている様々な人々の実際の考え方や日々の生活について、インタビュー記事を中心に掲載しています。
　私自身が文化人類学のPhD（博士号）を取得していることもあり、インターネットを活用することでフィールドワークを実践し、金融機関に勤務している当事者へのインタビューを元に、テーマを掘り下げていくことを特徴としています。例えば『あなたの平均的な一日はどのようなものですか？』というような問いを、企業の買収に従事するM&A部門で働く人、ヘッジファンド・マネージャー、インターン等様々な立場の人に投げかけるのです（筆者注：この手法がユニークなのは、取材対象が金融業界で働く人だけではなく、リクルーター、PRエージェント等外部のプロフェッショナル、そして時には金融業界で働く男性の妻、元ガールフレンドの声等も取材している点で、数多くのコメントによる反響が寄せられています）。
　毎回のオンライン上のコラムには数多くのコメントが寄せられ、自分の経験を取材して欲しいというインタビューの申し出も多く頂きます。昨今の経済格差デモ等の報道を受け、金融機関従事者に関してネガティブな印象で報道されていることに対し、実際の姿を伝えたいという思いもあるように感じます。
　企業の広報担当者からではなく、実際の現場でその業界について熟知している人の生の声や知見を、インタビューを通じて紡いでいくことで、多面的な理解や視点を積み上げていくことが可能になります」
　ライエンダイク氏はこうした手法を「学び曲線の共有（Sharing Learning Curve）」と呼び、新しいジャーナリズムの可能性として、個人でも取り組めるプロジェクトとして提唱しています。興味

深いのは、こうした取り組みをする際、対象とするテーマについては自分が専門としている分野でなく、知識が全くない分野から始めることを推奨している点です。

学び曲線の共有の成功例

「もしあなたが特定の分野に関してPhDを持っていたり、長年の経験を持っていたりする場合、あなたが語る言葉はあまりに専門的になりすぎて一般の人に分かりにくい専門用語が溢れる説明になったり、ある特定の考え方の影響を受けてしまうことがあります。

むしろ自分自身は全く知識がない分野で、それでいて情熱や好奇心を持っているテーマを選ぶことのほうが重要です。ジャーナリズムのバックグラウンドがあればあるに越したことはありませんが、ないとしても、バランス感覚を持って平易な言葉で物事を伝えることが出来れば誰でもこうした取り組みは実現可能です。

私は以前オランダの新聞紙面上で同じようなアプローチで、電気自動車について12ヵ月程連載したことがあります。電気自動車についての知識はほぼないに等しい状態でスタートしましたが、自分がリサーチした成果をさも〝正しい″情報として読者に提示するのではなく、専門的な知識や経験を持っている読者からの知見をまとめて共有する形で進められたこの企画は、大変好評を得ることが出来ました。私自身も継続して一つのテーマについての学びを共有することで本当に多くの知見を得ました」

更にライエンダイク氏はプロジェクトから生まれた思いがけない成果についても情熱的に語ってくれました。

「電気自動車の連載は注目を浴び、学生からの優れた論文に懸賞金を出す企画を紙面で発表したところ、12人の熱心な読者からそれぞれ一口5000ユーロ（約50万円）の寄付の申し出があり、自分も含め合計6万5000ユーロ（約650万円）のファンドで財団を作ること

が出来たのです。国際電気自動車カンファレンスと併せて行われた懸賞論文イベントの運営にはボランティアでサポートしてくれる人も現れ、学生読者から提出された優れた論文が表彰されたのです。なお、そのうちの学生の一人はその時の懸賞金1万5000ユーロ（約150万円）を使ってその後起業したのです。素晴らしいと思いませんか」

問題解決のヒントは既にある

　最後に、ライエンダイク氏に、これからのジャーナリズムの可能性、日本人へのメッセージを伺いました。
「日本では現在、原発、放射能等、『Are we safe？（私たちは安全なのか？）』というテーマについてジャーナリズムの役割が問われていると聞き及んでいます。そしてマスメディアが十分に役割を果たしていないという批判があることも十分に理解しています。
　ただ今日ブログ、ツイッター、フェイスブック等、情報を探し、発信するための様々なツールは私たちの手元に既にあるのです。マスメディアを批判するだけではなく、一人ひとりの責任が求められる時代になっていると思います。
　例えば1人5万円ずつ100人の寄付をクラウドファンディングで募り、私が行ったような懸賞論文コンテストを実施し、優れたアイディア、解決策を募ることも簡単に出来る時代に来ているのです。是非一人でも多くの方が『学び曲線の共有』を実践し、行動に移されることを願っています」
　ライエンダイク氏の訴える「学び曲線の共有」というコンセプト自体、実は話を実際に伺うまで、私は十分に新鮮味を感じることができませんでした。ただ改めてその進化の過程、そして生まれてきているフィードバック、議論、懸賞論文コンテスト、起業の後押し、という一連のアクションの連鎖を直接うかがうことで、一人の小さ

な試みがこれほど大きなうねりを創りだせるものなのかということに驚かされました。

　新しいジャーナリズムの可能性、そして今日日本のあちこちで求められている「国民的対話」の一つのヒントとして、「学び曲線の共有」が広まっていくことを私も願っています。

Chapter 4

Finance

第 4 章

お金

オンラインで教室へ直接寄付する「ドナーズチューズ」

　ニューヨークに拠点を持つ「ドナーズチューズ（www.donorschoose.org）」（写真1）は、公立学校の先生と教育改善に関心を持つ個人をオンライン上で繋げる寄付サービスサイトを運営しています。

　そのユニークな点は、寄付の対象が大きなチャリティの団体ではなく、全米の公立学校の先生により提案される、子供たちのための「具体的な」教室でのプロジェクトである点です。

「教室で使う30人分のノート、ペン、クレヨンが欲しい（170ドル）」「化学の実験に使う器材が欲しい（1100ドル）」「生のアートに触れさせるために地域の美術館に連れていきたい（700ドル）」「音楽プログラムのための16台のギターが欲しい（1000ドル）」というようなリクエストが、やる気に満ちた先生の提案とともに写真付きでウェブサイトに掲載されています。

　その背景には多くの公立学校では予算が非常に限られていて、特に貧困地域の学校では、先生が時に「自腹」で教材、文具等を購入しなければいけないこともある、厳しい現実があります。

　テーマや地域等で興味を持った閲覧者が、プロジェクトに対して最低1ドルから簡単にオンラインで寄付をすることができます。目標寄付額に達した場合、リクエストしたものが直接ドナーズチューズから教室に送り届けられます。

　寄付金は税控除の対象になり、規定の期間中に目標額に達しない場合には、他のプロジェクトを選ぶか、ドナーズチューズにより緊急性の高いプロジェクトに充てられるか、あるいは当初選んだ先生

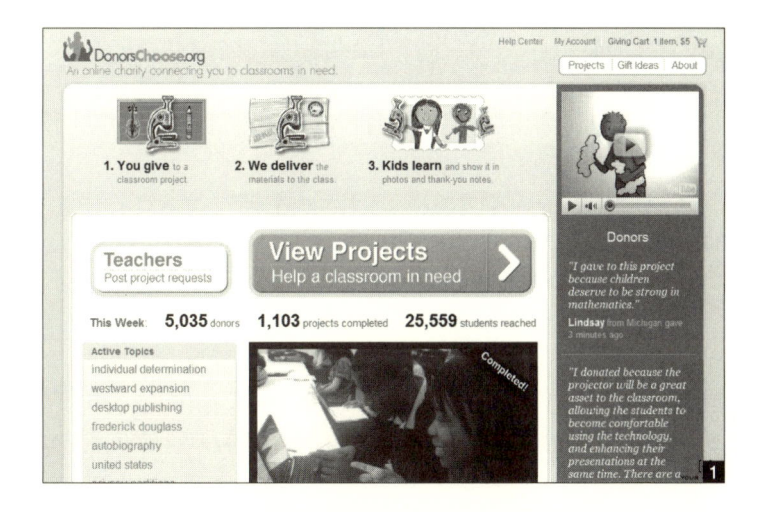

による別のプロジェクトに寄付することが可能です。

　設立から12年の2012年5月時点で合計約1億1600万ドル（約93億円）の寄付が、約28万件のプロジェクトに届けられ、延べ約660万人の子供たちがその恩恵を受けています。

　寄付提供者には送られた物品等が教室でどのように活用されたかを写した写真、先生からのお礼の手紙、寄付金の使用明細等が送られます。50ドル以上の寄付をした人には子供たちからの手書きの「サンキュー・レター」が届きます。

スターバックス等の企業パートナーとも提携

　長年の実績が評価され、最近では様々な企業とのパートナーシップも積極的に行っています。その中でもユニークなものとして、スターバックスが2010年秋に導入したサービス「デジタル・ネットワーク」における提携が挙げられます。

アップル社の音楽ポータル「iTunes」、「ニューヨークタイムズ」、グルメサイトの「ザガット」等の有料コンテンツが無料で閲覧出来るサイトの地域コンテンツとして、ドナーズチューズが非営利団体として初めて選ばれたのです。

全米約6800もの店舗でドナーズチューズのプロジェクトが簡単に閲覧できるようになり、コーヒーを飲みながら、地域の先生、子供たちに対しての寄付が可能になったのです。

スターバックスはフェイスブック上に既に3000万人以上のファン・コミュニティを持ち、ツイッターでも約260万人近いフォロワーを持っています（2012年5月時点）。数多くの人の口コミ効果により、ドナーズチューズの活動には、大きな弾みがついたことでしょう。

一方、こうした提携により、地域性、教育というような価値を重視するスターバックスのブランド価値の向上にも間違いなく、寄与していることと思います。

個人（寄付者・消費者）、学校（先生、学生）、地域、そして企業へと、多種多様なステイクホルダーを巻き込んで共感の輪が拡大していくサイクルを、ドナーズチューズの活動を通じて読み取ることが出来ます。

ソーシャルメディアにより可能となった「共感の可視化」、そしてそこから生まれる「人、モノ、お金のマッチング」は、確実に進化しつつあります。

この本の書名を お書きください。		
ご購入いただいた書店名		(男・女)
		年齢　　　　歳

ご職業　　1 大学生　　2 短大生　　3 高校生　　4 中学生　　5 各種学校生徒
　　　　　6 教職員　　7 公務員　　8 会社員(事務系)　　9 会社員(技術系)　　10 会社役員
　　　　　11 研究職　12 自由業　13 サービス業　14 商工業　15 自営業　16 農林漁業
　　　　　17 主婦　　18 フリーター　　19 その他(　　　　　　　　　　　　　　　)

●この本を何でお知りになりましたか？
1　書店で実物を見て　　　2　広告を見て(新聞・雑誌名　　　　　　　　　　　)
3　書評・紹介記事を見て(新聞・雑誌名　　　　　　　)　　4　友人・知人から
5　その他(　　　　　　　　　　　　　　　　　　　　　　　　　　　　　　　)

●毎日購読している新聞がありましたらお教えください。

●ほぼ毎号読んでいる雑誌をお教えください。いくつでも。

●いつもご覧になるテレビ番組をお教えください。いくつでも。

●よく利用されるインターネットサイトをお教えください。いくつでも。

●最近感動した本、面白かった本は？

★この本についてご感想、お気づきの点などをお教えください。

郵 便 は が き

料金受取人払郵便

小石川支店承認

1143

差出有効期間
平成24年12月
31日まで

1 1 2 - 8 7 3 1

東京都文京区音羽二丁目
十二番二十一号

講談社　第一編集局
「単行本係」行

|||·|··||···|·|·|·|··|·|·|·|·|·|·|·|·|·|·|··|·|·|·|·|·|··||·|||

愛読者カード

　今後の出版企画の参考にいたしたく存じます。ご記入のうえご投函くださいますようお願いいたします(平成24年12月31日までは切手不要です)。

ご住所　　　　　　　　　　　　　　　　〒

お名前

電話番号

メールアドレス

このハガキには住所、氏名、年齢などの個人情報が含まれるため、個人情報保護の観点から、通常は当編集部内のみで拝読します。
ご感想を小社の広告等につかわせていただいてもよろしいでしょうか？
いずれかに○をおつけください。　　　〈実名で可　　匿名なら可　　　不可〉

TY 2153126-0902

163

誰もがファンドレイザーになれる
オンライン寄付の進化

　日本赤十字社に寄せられた東日本大震災義援金は震災直後の2011年5月9日の時点で合計1700億円を超え、企業、著名人等からも多額の寄付が続々と寄せられました（2012年5月の時点では3171億円以上に。同社ホームページより）。阪神・淡路大震災の際の総額約1000億円を大きく超えており、東日本大震災の深刻さを物語っています。

拡大、進化するオンライン寄付のしくみ

　東日本大震災を契機に、日本でもインターネットを利用した様々な寄付の機会を提供するサービスが注目されはじめました。寄付するだけでなく、ファンドレイザー（寄付を集める人）として寄付を募る旗振り役に回る人が増えたことも、注目すべき点といえます。
　2010年3月にスタートしたオンライン寄付サイト「ジャスト・ギビング・ジャパン（www.justgiving.jp）」は、一般財団法人ジャスト・ギビング・ジャパンにより運営されているサービスです（同サイトは2001年に開設、英国に拠点を持つ「JustGiving」の日本版として導入されました。英国では民間営利企業として運営されている「JustGiving」はこれまでに1300万人が利用、7億7000万ポンド以上の寄付を集めることに成功しているサービスです）。
　東日本大震災直後には「ジャスト・ギビング・ジャパン」の利用者が一気に広がり、同サイトを通じ6億円以上の寄付が震災復興支援関連団体へ送られました。この寄付が実現したのは、多くの人が

サイト上で寄付を行ったこと、それから3000人以上のファンドレイザー（同サイトでは「チャレンジャー」という言葉で紹介されています）が、マラソン、登山等、様々なチャレンジをサイト上で宣言することで寄付を募ったからです。

　寄付は、クレジットカードやネットバンキングを利用して集められます。オンラインの寄付の全額は支援先団体に所定の時期に支払われますが、通常寄付金額の約15％（クレジットカード利用時）が寄付を受け取った各団体の負担として、ジャスト・ギビング・ジャパンに支払われるしくみです。費用の内訳は10％が運営手数料（1％相当分が英国JustGivingへのライセンス費用、9％相当分がシステム運営費、支援先団体のリサーチ費および事務局運営費）、そし

て、決済手段により異なりますが、金融機関決済手数料が、クレジットカード利用時の場合約5％となっています。

　同サイト内で寄付対象となる支援先団体数は現在650団体を超え（2012年5月時点）、少しずつではありますが、欧米に近いオンライン寄付文化の土壌・インフラが生まれ、発展しつつあります。「ファンドレイジング＝寄付（fund）を募ること（raising）」という言葉は、日本ではまだ馴染みはないかもしれません。一般的にはNPOなどが事業に必要な資金を社会から集める手段のことを指します。日本ファンドレイジング協会常務理事の鵜尾雅隆氏の著書『ファンドレイジングが社会を変える』（三一書房刊）によると、ファンドレイジングとは、『「施しをお願いする行為」ではなく、社会に「共感」してもらい、自らの団体の持つ「解決策」を理解してもらう行為である』、と記されています。

　インターネットの利用が広まり、自分が共感するNPOやチャリティを支援し、寄付を募ることが容易になりつつある中で、寄付の旗振り役としてのファンドレイザーの役割にも注目が集まりつつあります。2012年2月には「認定ファンドレイザー資格認定制度」も日本ファンドレイジング協会によりスタートしました。

　マラソンを走る、登山をする、ダイエットをする等、個人それぞれの具体的なチャレンジをインターネットの寄付を集めるサイトに告知をして、そのチャレンジに共感した人が応援の気持ちを込めてチャレンジャーの支持する特定のNPOに寄付を送るしくみは、特に欧米を中心に顕著に行われつつあります。

クラウドライズのしくみ

　米ハリウッド俳優のエドワード・ノートン（Edward Norton）氏が共同創業者である「クラウドライズ（www.crowdrise.com）」（写真1）は、2010年5月にスタートしたばかりのオンライ

ンで寄付を集めるためのサイトです。フェイスブック、ツイッター、ユーチューブ等のソーシャルメディアツールとの連動が容易で、寄付行為そのものを楽しみながら行う様々な工夫がされていることから、アメリカで急速に話題になっている、非営利団体ではなく、民間営利企業によるサービスです。

　まず自分の名前、メールアドレス等のプロフィール情報を記入しアカウントを作成し、その上でファンドレイジングのためのプロジェクトページを作成します。プロジェクトとは、マラソン大会に出る、週末にボランティア活動をする等、自分にとってのチャレンジを記入します。自分の支援するチャリティを選び、集める寄付の目標金額を設定し、何故自分が寄付を集めたいと思うかについて、文章、画像等を盛り込みます。

　次に、様々なソーシャルメディアツールを通じて告知内容を共有し、自分の友達や知人に何故自分がそのチャリティを応援しているかを伝え、寄付を募ります。

　クラウドライズでは寄付をしたり、友人からオンライン上で支持を受けたりすることで独自のポイントシステムにポイントが加算され、ポイントを多く獲得した人はそのことを証明するバッジや称号が自分のオンライン・アカウントに付与されます。

　また、不定期に開催されるコンテストにおいては、その時期の最多ポイント獲得者に、クラウドライズスポンサーから提供される液晶テレビやクラウドライズ特製Tシャツが送られます。その他にもツイッターやフェイスブックでクラウドライズをフォローした人の中から、毎日一人、特製Tシャツをプレゼントする等、コミュニティを盛り上げるためのゲーム的なマーケティング要素が随所に盛り込まれています。

　位置情報関連のSNSとして知られる「フォースクエア」等が取り入れているこうした「ゲーム的要素」を盛り込むことで、コミュニティを盛り上げ、寄付文化全体を盛り上げる工夫がされている点

も、クラウドライズのユニークな特徴と言えます。

　寄付はクレジットカード決済で簡単に処理され、そのお金が支援先のチャリティに送られます。その際、寄付額の5％がクラウドライズの事業運営手数料として、そして寄付額に応じて1ドル〜2.5ドル（25ドル以下は1ドル、25ドル以上は2.5ドル）が、決済手続きの費用として支払われるしくみになっています。つまり、100ドルの寄付をした場合、5ドルの運営手数料と2.5ドルが決済手続き費用として差し引かれ、92.5ドルが選ばれたチャリティに送られます。

　寄付を集めることを目的に個人、ボランティア、チャリティが存在し、彼らにとってのニーズに答えるサービスとして、クラウドライズというビジネスが存在しています。サイトの開発・運営費用、様々なプロモーションの費用、そしてスタッフの人件費等はこうした手数料によりまかなわれているのです。

　寄付対象は現在アメリカの正式なNPOのみで、提携している「ガイドスター」というオンライン・データベースに登録されている約160万のNPO団体の中から、利用登録が行われている団体を自由に選ぶことが可能です。

　さらにクラウドライズは2011年4月27日、毎年11月上旬に開催される「ニューヨーク・シティ・マラソン」と正式にパートナーシップを組み、出場選手、そしてボランティア参加者の誰もが簡単にファンドレイザーになることを可能にしました。

　ニューヨーク・マラソンには2010年には約4万7000人のランナーが参加し、数万人のボランティア、そして多くの友人・家族等の支援者が見守る一大スポーツイベントです。また、同時に一大チャリティイベントでもあります。同年には合計約3000万ドル（約24億円）の寄付が様々なチャリティ団体により集められました。

「クラウドライズがパートナーとなることで、寄付コミュニティのハブ（中心）となり、今まで以上にファンドレイジング活動が盛り上がることが期待される」とソーシャルメディアニュースサイト「マ

ッシャブル」の記事で本提携に関して報じられています。

　今回の提携の背景には、アフリカの自然保全等のチャリティに以前から熱心だったエドワード・ノートンさんが2009年のニューヨーク・マラソンにチームで参加し、その知名度がネット上で威力を発揮し、わずか43日間で120万ドル（約1億円弱）を集めた経緯があります。ノートンさんが驚いたのはツイッター、フェイスブックのソーシャルメディアが寄付集めに大きな力を発揮したことです。共感の輪は更に広がり、その他のメンバーのランナー達にも数多くの人から寄付が集められました。

　高い倍率の抽選を経て参加の権利を得たランナー、そしてボランティア参加者は、簡単な登録情報を記入の上、支援団体をクリックするだけでファンドレイジングをすることが可能になります。あるいは既にチームとしてファンドレイジングをしているグループに参加することも可能です。あとは家族・友人にソーシャルメディアを通じて自分のレースにかける意気込みと、チャリティを応援する理由を記入するだけです。

　例えば、小児がんの研究と治療で世界的に有名なセント・ジュード（St.Jude）小児病院は、クラウドライズのニューヨーク・マラソン特設サイトの開設直後にファンドレイジングのチームを結成、8500ドルもの寄付を集めることに成功しました。伝統的にマラソン等のチャリティイベントへの積極的な支援を行っている同病院は既にチャリティのコミュニティを形成しており、ランナー、支援者が数多くその中に含まれていたのです。

　初めてこの病院のことを知る人も、クラウドライズの中にある動画や説明文、既に数多くの支援者が集まっている様子をみて寄付を行う、という善意の連鎖が起きたと言えます。

　ニューヨーク・マラソンを運営する「ニューヨーク・ロード・ランナーズ」は、ワールドカップ等の巨大スポーツイベントの運営者同様、様々なマーケティングのチャンネル、ライセンスの権利、そ

してファンドレイジングの機会を巧みに企画・運営提供するプロモーターとして機能しており、年間予算額約5000万ドル（約40億円）を管理する非営利団体です。ニューヨーク・マラソンは1970年以来毎年開催されているイベントですが、新しいソーシャルメディアの発達により、今まで以上にイベントのコンテンツ力がマーケティングに活用されています。

「マイクロ・ドネーション（小額寄付）」「クラウドソーシング（オンライン上の協業）」というようなソーシャルメディアを活用した手法が様々な分野で広がる中で、クラウドライズとの提携は注目に値する出来事でした。

オンライン発の寄付文化を

アメリカでは過去12年間にオンライン寄付の規模が5万倍［30万ドル（約2400万円）から154億ドル（約1兆2300億円）］に成長したと言われています（オンライン寄付は米国寄付市場全体の5％程度）。

もちろん日本とアメリカとで単純比較できるものではありませんが、日本でもここ数年、「Yahoo!基金」「ギブワン（GiveOne）」「ジャスト・ギビング」のようなオンライン寄付を可能にするサービスが誕生し、東日本大震災があったことで、「オンライン寄付」の気運も高まったといえるでしょう。

クラウドライズの事例に見られるような、一人ひとりの善意を適切に形にし、アクションに促すようなしくみやしかけが、NPOやチャリティに求められています。また同時に、個人も寄付活動を前向きに行うための一歩を踏み出すことが期待されています。

171

米国オンライン寄付市場と
NPO支援ソフト会社

　1997年から2009年までの12年ほどの間に、オンラインの年間寄付総額は30万ドル（約2400万円）から154億ドル（約1兆2300億円）へと、5万倍の規模になったと、ソーシャルメディア情報ニュースサイト「マッシャブル」では報じられていました（写真1）。

　2009年のアメリカの寄付市場全体の規模である3030億ドル（約24兆円）からすると、オンライン寄付市場はじつは5％に過ぎません。ただ、寄付市場全体の規模が過去8年で2460億ドルから23％の伸び（直近2年は減少）であったことからすると、オンライン寄付市場の驚異的な成長は注目に値します。

　アメリカにおける寄付市場を語る際、その文化的・宗教的背景、そして税制の優遇措置がその原動力として語られることが多いのですが、今回はオンライン寄付の成長を支えてきた2つのナスダック上場企業、「コンヴィオ（www.convio.com）」（写真2）、「ブラックバウド（www.blackbaud.com）」（写真3）をご紹介致します。

1300の非営利団体、10億ドル（約820億円）のオンライン寄付

　コンヴィオは、1999年テキサス州オースティンに設立された、非営利団体（NPO）向けにオンラインCRM（カスタマー・リレーションシップ・マネジメント）ソフトウェアを提供する会社です。
　約1300のNPOがこのサービスを導入し、会員、ボランティア、卒業生、寄付者等とのコミュニケーション履歴管理、アドボカシー

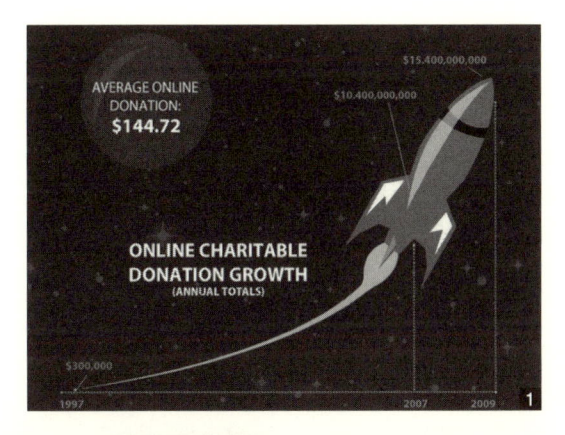

やマーケティング活動の効率化に広く利用しています。

　顧客には、「フォーブスが選ぶトップ200チャリティ」上位50のうち、29の団体が含まれており、中にはアメリカ赤十字社、アメリカ癌協会、WWF（世界自然保護基金）等が名を連ねます。

　コンヴィオは2010年4月にナスダック証券取引所への上場を果たし、2010年10月の執筆当時、380人の社員を抱え、2009年度の売り上げは6310万ドル（約50億円）という、れっきとした営利企業です。

　同社のシステムを利用することで、クライアントであるNPO約1300団体は、2009年の1年間で、合計9億2000万ドル（約740億円）のオンライン寄付の調達を可能にしました。また、その過程で

NPOが保有する合計1億5000万件のメールアドレスに対し、38億件ものメールを配信したことも明らかにしています。

2010年10月4日には2010年の1月〜9月の期間だけで既に10億ドル（約800億円）ものオンライン寄付の調達を支援したことを発表、前年同期間に比べ64％の増加、と順調な成長を続けています。

コンヴィオが対象としているNPOは、「年間5万ドル以上の寄付を集めている団体（米国内に7万1000団体）」としていますが、各NPOによる、営利企業顔負けの効果的なマーケティングの試みが、市場規模の大きな成長を支えていることが分かります。

世界の非営利団体を支援する営利企業

ブラックバウドもコンヴィオ同様、NPO向けソフトウェア・関連サービス会社で、寄付金調達およびそのコスト削減、活動対象先とのコミュニケーション強化、資金管理、内部業務の効率化など、幅広いサービスを提供しています。

同社はコンヴィオよりも歴史が古く、1981年の設立で、社員数は約2200人、イギリス、オランダ、香港、カナダ、オーストラリア等国外にも拠点を持ち、顧客の2割弱が国外の団体という点も特徴的です。米国サウス・キャロライナに本社があり、2004年7月にナスダック上場を果たしています。

同社の顧客約2万4000団体には、ダートマス大学、リンカーンセンター、セーブ・ザ・チルドレン、国境なき医師団、スペシャルオリンピックス等が含まれ、2009年度の売り上げ規模は3億1000万ドル（約250億円）で、コンヴィオ社の約5倍の規模です。

コンヴィオもブラックバウドも、近年の不況下にありながらもオンライン寄付だけは20％台の増加を記録しています。ブラックバウドの調査によると、オンライン寄付の年間総額の3割は12月の1ヵ月の間に、そして46％は第4四半期である10月から12月までの3

ヵ月で集められたとのことです。
　こうして改めてアメリカのオンライン寄付の市場規模、その成長を支える2大民間企業を見るにつけ、オンライン寄付の「仕組み」を支える土壌の強さを感じます。

追記：2012年5月にブラックバウドはコンヴィオを買収し、より総合的なサービスを提供する企業として引き続き業界を牽引しています。

広がる海外セレブと
チャリティとの関係

　2011年6月下旬、東日本大震災の復興支援イベント出演のために来日した米国人気歌手レディー・ガガさんは、日本中に大きな旋風をもたらしました。彼女の「日本は安全で素晴らしい国」というメッセージはメディアや彼女の約1100万人のツイッターのフォロワー、そしてフェイスブック上の4000万人近いファン（いずれも当時の数）を通じて世界中に広がり、観光庁長官からは感謝状が、菅直人総理（当時）から感謝のバラが届けられたことは、一つの社会現象といえるかもしれません。

　震災発生直後に彼女のウェブサイト上でチャリティ・ブレスレットの販売を開始、売り上げ約150万ドルと個人寄付を合わせ合計300万ドル（約2億4000万円）を復興支援のために寄付したことも、記憶している人が多いのではないでしょうか。

セレブとチャリティ

　東日本大震災を契機に広がりを見せる社会貢献、チャリティに関わる活動は、日本でも数多くの有名人、スポーツ選手が積極的に参加することで共感が広がりました。

　積極的にチャリティ活動への参加を公表したり、寄付額を開示したりするようなことは、「売名行為」と受け止められる傾向が、特に日本ではまだ根強いかもしれません。ただ未曾有の災害に遭遇し、多くの人に対する影響力を持つ有名人であるほど、有名人であることの責任から、そして自身のマーケティングの観点からも、今後真

剣にチャリティの活動に向き合わなければいけない時代が来ているように思います。

　チャリティ団体、NPO団体にとっては、今までアクセスすることが叶わなかったような広範な世代、属性、地域を超えた層に自分たちの活動を知ってもらい、支援を集めることが可能になります。また有名人にとっても、社会的な活動をしているというイメージを広めることで、新たなファンの獲得、CDの販売、コンサートの動員等にプラスの影響が期待できます。そしてなにより、被災者、NPOの支援対象者にとっては、多くの人からの共感と支援を得ることが可能になり、いずれも「ウィン-ウィン」の効果を得ることができるのです。

環境問題や貧困問題に本格的かつ長期的に関わってきている海外セレブとしては、例えばボノ、アンジェリーナ・ジョリー、レオナルド・ディカプリオ、ジョージ・クルーニー、マット・デイモン等が挙げられます。彼らは社会的な課題に個人的に深く興味・関心を持ち、現地にも赴き、財団等も設立し継続的に支援していることで、よく知られています。Finance02でもご紹介したオンライン寄付サイト「クラウドライズ」を立ち上げたエドワード・ノートンも代表的な例と言えます。

一方、非常にセンシティブな要素を含むこのセレブによるチャリティ活動への関わりは、やり方をひとつ間違えるとNPO団体の評判を落とすようなリスクも常にはらんでいます。セレブによるスキャンダルが発覚したり、不正疑惑が持ち上がったり、支援団体のことを充分に理解していないような発言が公表されてしまったりすることは、そのままリスクに直結するのです。

専用のマッチングサイト、エージェントも

米ビジネス雑誌『ファスト・カンパニー』2011年7・8月号には「あなたのセレブをどう訓練するか？ ハリウッドでのチャリティに関する5つの神話」(How To Train Your Celebrity: Five Hollywood Charity Myths) という記事が掲載され、ソーシャルメディア時代において今まで以上に話題になりつつあるセレブとチャリティに関するメリット、デメリットが述べられていました。

記事の中で興味深かったのは、アメリカではセレブとチャリティの関係を知るためのディレクトリーサービス「ルック・トゥー・ザ・スターズ (www.looktothestars.org)」(写真1) のようなポータルサイトが存在し、1800を超えるチャリティ、2800人を超えるセレブの一覧が掲載され、どのテーマに誰が支援しているかを閲覧することが可能だということです。例えばもっとも人気のあるカテゴ

リーは「子供」に関するもので、ユニセフ等568のチャリティ団体に対し、ビル・クリントン元米国大統領等約1760人が支援していることなどが分かります（データは2012年5月時点のもの）。

　また、より直接的にセレブとチャリティの間に入って仲介をするエージェント業を行う会社まで存在しています。「コーズ・エフェクト・エージェンシー（www.causeeffectagency.com）」（写真2）はハリウッド俳優のティム・ロビンスやスーザン・サランドンらのセレブと、クライアントであるNGOとの間に立ち、効果的な相乗効果を生み出しています。

　海外、特にアメリカと日本とではチャリティ活動、寄付に対する文化的・制度的な違いはあるものの、海外セレブの実践例（成功例も失敗例も含め）からは、学ぶことが多くありそうです。

ホワイトハウスが推進する「インパクト・エコノミー」

　アメリカの行政府であるホワイトハウスに「社会イノベーション・市民参加局(Office of Social Innovation and Civic Participation)」という部局があることをご存知でしょうか？

　オバマ政権の肝いりで2009年に新設されたこの局の2代目のディレクターに2011年9月に就任したのは、ジョナサン・グリーンブラット（Jonathan Greenblatt）氏（写真1）です。

　アメリカのメディアでもあまり大きくは報道されていないこの人事ですが、社会的課題に取り組むオバマ政権の今後の方向性を窺い知る兆しとして、また社会起業家としてあらゆるセクターで実績を持つグリーンブラット氏の経歴を知るにつけ、非常に興味深い出来事であることを感じます。

「社会イノベーション・市民参加局」とは？

　「社会イノベーション・市民参加局」は、オバマ政権発足直後に新設されたホワイトハウスの部局で、公共サービスをより創造的に活性化させ、ビジネスセクターやNPO等の連携を促進し、ソーシャルビジネスと呼ばれるような新しい社会課題解決へのアプローチを取る組織やプログラムを支援することを目的にしています。その他アメリコア・プログラム(AmeriCorps Programs)と呼ばれる国内のボランティア・プログラムの強化等にも力を発揮してきました。

　2億ドル（約160億円）規模の「ソーシャル・イノベーション・ファンド（Social Innovation Fund）」も設立され、有望なNPO

の育成にも力が注がれてきました。初代ディレクターにはエコノミストで世界銀行やグーグル財団での経験を持つソナル・シャー(Sonal Shah)氏が就任し、2011年秋、グリーンブラット氏に引き継がれたのです。

新ディレクター、グリーンブラット氏の歩み

　グリーンブラット氏はタフツ大学卒業後、当時アーカンソー知事だったクリントン大統領候補の選挙キャンペーンに参画、当選後はそのままホワイトハウス、商務省等の行政の仕事に従事しました。その後ビジネス・スクールを経て、友人と水ブランド「エトス・ウォーター（Ethos Water）」を創立しました。

　1.8ドルのボトルが1本購入されるたびに5セントが途上国の水問題解決のために寄付されるというこのエシカルブランドは、スターバックスから注目を浴び、設立から約2年後の2005年には同社に800万ドル（約6億4000万円）で売却、グリーンブラット氏は同社

幹部として経営に従事しました。同氏は計約600万ドル(約4億8000万円)のお金をスターバックス関連財団を通じ途上国の水質環境改善、保健・衛生・医療の教育プログラム等に提供し、何百万人の人々にインパクトを与える事業を創り出す社会起業家としての実績を残しました。

その後は「社会をよくする」ことに特化したメディア営利企業「GOOD」社のCEO、オバマ政権直後に創設されたボランティア活動のオンライン検索データベース「All for Good」の設立支援、UCLAビジネス・スクールにおいて「社会起業家論」についての講義等、幅広いセクターでの実績を有しています。

直近ではシンクタンクである「アスペン・インスティテュート(THE ASPEN INSTITUTE)」において「インパクト・エコノミー・イニシアチブ(The Impact Economy Initiative)」というプログラムのディレクターを務め、公共セクターとビジネスセクターが融合した新しい課題解決型ビジネスの探求に取り組んでいました。

注目すべき社会イノベーション、2つの潮流とは

グリーンブラット氏は就任直前に行われた国際会議「ポップテック(PopTech)」において、今後注目すべき社会イノベーションの潮流として2つのテーマを掲げました。

ひとつは「インパクト・エコノミー」と呼ばれるものです。社会的ミッションを持った事業がより市場原理を活かし、スケールの大きなインパクトを与えるために、寄付だけに頼らず、事業性のあるビジネスモデルを確立し、規模の大きな投資(インパクト投資)を呼び込むという経済システムを指します。コンサルティング会社「モニター・インスティテュート(Monitor Institute)」の調査によると、2020年までには1000億ドル(約8兆円)の市場規模に成長す

ると予測されています。

　もうひとつはテクノロジーにより可能になった「市民参加(civic engagement)」です。「コード・フォー・アメリカ」(Social risk management07参照)と呼ばれるような行政サービス向上のための技術者のコミュニティの取り組み、あるいは「キックスターター」に代表されるクラウドファンディングによる資金調達のしくみ、そして「ミートアップ」等を活用したオフラインでの実際のコミュニティ活動の可能性が、今後ますます成長するのではないか、と指摘されていました。

　日本でも社会起業やソーシャルビジネスという言葉は「新しい公共」という名のもと、一時注目が集まりましたが、まだ草創期です。海外で共有されている知見もうまく取り入れた、日本独自のイノベーションの萌芽を期待します。

新しい資金調達のプラットフォーム、「クラウドファンディング」

「クラウドファンディング」とは、インターネットやソーシャルネットワーキングサービスを活用することで不特定多数の人から資金や寄付を集める手法のことを指すと言われています（写真1）。

日本国内での最近の目立った事例としては、ロンドンオリンピックに出場予定のマラソン選手、藤原新氏の活動費をみんなで寄付しようというオンライン動画共有サイト「ニコニコ動画」の企画がありました。たった1週間で2万人から合計1050万円分の支援が集まったことが話題になりました。

その他にも、昨年の東日本大震災以降立ち上がった様々な社会貢献プロジェクトやアート作品等、共感を数多く集めたプロジェクトに対する資金提供という形で、今までは考えることが出来なかったような新しい資金調達の方法が拡大しつつあります。

国内では「レディーフォー（READYFOR?）」「キャンプファイヤー（CAMPFIRE）」「モーションギャラリー（motion gallery）」等が主要なプラットフォームとして注目を集めつつあり、その他各種テーマ特化型のサービスも生まれつつあります。

一方、海外に目を転じると、2012年春にかけてクラウドファンディングを巡る目覚ましい動きが立て続けに報道されました。代表的なクラウドファンディングサービス（キックスターター）の急速な成長ぶりを示すデータや事例から見える大きなスケールの事業展開、そして国の政策としての起業家や中小企業支援のための法的な措置（JOBS Act）の成立のニュースです。

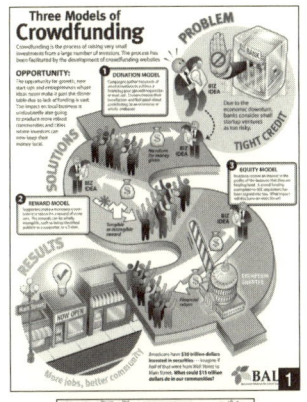

クラウドファンディングサイトの代表格「キックスターター」

　自主制作映画や音楽の業界では圧倒的な知名度を持ち、クラウドファンディングサービスの代表格とも言われる「キックスターター(www.kickstarter.com)」(写真2)は、2009年4月にサービスをスタートさせ、2012年春にちょうど3周年を迎えました。ニューヨークタイムズの記事では、累計で2万件以上ものプロジェクトに対し、約2億ドル(約160億円)以上の資金が集められたと報じられています。

　2012年4月11日にキックスターターに出展されたテクノロジー分野のプロジェクトはあっさりと今までの資金調達の記録を塗り替えるものでした。スマートフォンと連動する腕時計(スマートウォッチ)「ペブル(Pebble)」の場合、最初の28時間で100万ドルの調達に成功、その後約1ヵ月の期間で約6万9000人から1000万ドル(約

8億円)以上の資金獲得に成功するという偉業を成し遂げたのです。

　クラウドファンディングには社会貢献型プロジェクトに対して資金調達が行われる「寄付型」もあれば、この「ペブル」のように、共感するモノやサービスを事前に予約し、購入する「購入型」のタイプも含まれます。その他、次にご紹介する起業家や中小企業に対する「投資型」、あるいは「融資型」といった形態も無視することができないしくみです。

クラウドファンディング関連法（JOBS Act）の成立

　2012年4月5日、アメリカで緊急雇用対策の一環として提案されていた「クラウドファンディング関連法」(The Entrepreneur Access to Capital ActおよびJOBS [JumpStart Our Business Startups] Act) が成立し、起業家や中小企業がインターネット上で不特定多数に向け直接株式を公開することが2013年以降、可能になりました。

　今までは証券法などで実質制限されていた私企業による株式の公募活動を大幅緩和し、年間100万ドル（約8000万円）を上限に、一般個人から株式割り当てを対価とした資金調達が可能になるというものです。これまで機関投資家や個人の富裕層に限られていた未公開株投資も、一般個人による幅広い参加が容易になるのです。

　小規模企業の透明性を高めることで起業を促して雇用を増やし、米国におけるビジネスや技術のイノベーション促進につなげることがその狙いといわれています。

　1000万ドルもの資金をキックスターター上でたった1ヵ月の間に集めた「ペブル」の開発会社は、当初ベンチャーキャピタルからの資金調達を試みたものの、なかなか成功せず、戦略変更の結果、キックスターターを利用したという経緯があります。優れたアイディアや事業を成功に導くための新しいしくみとして、起業家や中小企

業への直接投資にクラウドファンディングを活用することには大きな期待が寄せられています。

　2012年4月5日の法案成立から270日間の準備期間を経て、2013年初頭にはSEC（アメリカ証券取引委員会）が承認したクラウドファンディング法案を実現させるためのルールが発表され、実際の運用が始まる予定です。その間、クラウドファンディング業界のリーダーや専門家からなる業界団体、CFIRA（Crowdfund Intermediary Regulatory Advocates：「クラウドファンド中間規制擁護団体」）らとの協議の上、SECにおいて厳格な審議が行われ、クラウドファンディングが悪用され投資家に不利益がもたらされることを防ぎ、効果的に法案が運用されるためのルール作りが行われることになっています。

　2008年の設立以来、これまでに200ヵ国以上で5万5000件以上のプロジェクトの資金調達に成功しているクラウドファンディングサービス「インディゴーゴー（www.indiegogo.com）」の共同創業者兼CEOのスラヴァ・ルービン（Slava Rubin）氏は、CFIRAのメンバーでもあり、クラウドファンディングの今後の成長、JOBS Actの運用に向け、大きな可能性を抱いている人物のひとりです。

　ルービン氏はビジネス誌『インク』への寄稿記事において、クラウドファンディングの持つ5つの利点を掲げています。

【1】商品やサービスをウェブ上で公開することで透明性を持たせ、リスクを最小化することができる。

【2】クラウドファンディングのプロセスそのものがテストマーケティングの機会であり、ブランドポジションを確立することができる。

【3】通常の融資やVC投資からでは得ることができない露出の機会を得ることができる。

【4】キャンペーンを通じて将来の見込み客の顧客データを獲得することができる。

【5】設立間もないビジネスにとって必要資金を得ることができる。

Chapter 5

Open business

第5章 オープンビジネス

検証
「ペプシ・リフレッシュ・プロジェクト」

　清涼飲料ブランド大手ペプシが2010年2月開催のスーパーボウルにおけるTVスポットCM（30秒枠の平均価格約290万ドル）を取りやめたことは、とても大きな話題になりました。しかし、それまで23年間継続してスーパーボウルに出稿し続けてきた同社が併せて発表した新しいキャンペーン、「ペプシ・リフレッシュ・プロジェクト」（写真1）は、更に話題を呼ぶものでした。

　2010年の年間を通じて総額2000万ドル（約16億円）を用意し、オンライン上で募り多くの票を獲得した上位32のプロジェクトに、合計で毎月130万ドルずつ寄付をする、というキャンペーン内容だったからです。

　同プログラムでは、まず4種類の希望寄付額（5000ドル、2万5000ドル、5万ドル、25万ドル）ごとに、医療、芸術＆文化、食糧＆住居、地球、コミュニティー、教育の6分野の中からプロジェクトを毎月最大計1000件受け付けます。そして受け付けたプロジェクトをウェブ上に公開し、フェイスブック、あるいはツイッター経由で一般消費者から投票を募り、毎月投票数の多い32団体が選ばれ、それぞれの希望寄付額が提供されるというものでした。

　従来の一般的なチャリティとは異なり、アイディアを市民から募り、また寄付を投じる団体・プロジェクトの選定もソーシャルメディア上で行うという、新しい形の企業の社会貢献活動として、後にビジネス雑誌の『フォーブス』でも「今までで最良のソーシャルメディア・キャンペーン」と呼ばれるほどでした。

　ペプシの一連のキャンペーンは様々な点で「業界初」となり、

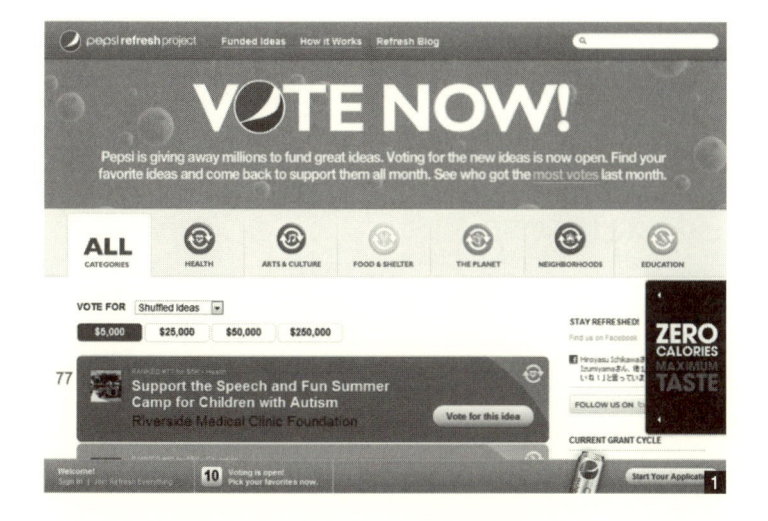

CNN、ウォールストリート・ジャーナル始め数えきれないほど多くの主要メディアで前向きなメディア掲載を大量に獲得したのです。

ソーシャルメディア・マーケティングの成果とは？

では話題を集めた同キャンペーンはその後どのような成果、影響を与えていたのでしょうか。2011年12月にペプシコ社ホームページに掲載された情報によると、以下のようなデータが成果として公表されています。

まず実際に寄付が贈られた社会貢献活動のアイディアは760にもおよび、合計2300万ドル以上が届けられ、1400万人もの生活に影響を与えたと発表されています（具体的には152の学校プロジェクト、74の公園等のプロジェクト、26の子供関連のシェルター施設等が対象）。キャンペーンへは8700万を超える投票が集まり、キャンペーン実施前は3万人だったフェイスブックページの「いいね」の数も300万人を超えたとレポートされています。こうした数値はペ

プシの認知度向上に多大なる貢献をした「成功」と社内外で評価され、同キャンペーンは2011年当初の段階で2年目の継続を予定し、ヨーロッパ、アジア、ラテンアメリカへのグローバル展開がされると伝えられていました。

ビジネスとしての評価

では実際のビジネス上の結果はどうだったのでしょうか？

米飲料業界紙「ベバレッジ・ダイジェスト」のデータによると、ペプシの2010年の最初の9ヵ月の売り上げは9.8％の減少、マーケットシェアにおいては0.5％の減少を記録し、具体的な収益向上というビジネス上の結果はもたらされておらず、むしろ減少、という結果になっていました。

なお、2010年の年初から8月までの時点で、1億900万ドルをペプシブランド全体のマーケティング費用として投下していることもここで指摘しなければいけません。この金額は、2009年度のペプシブランドの年間マーケティング費用1億3600万ドルと比較した際、前年を上回る規模で投資したことを示します。

そのうち約1/3は「リフレッシュ・プロジェクト」のために投下した、と2010年6月までペプシのマーケティング部門のバイス・プレジデントだったラルフ・サンタナ (Ralph Santana) 氏 (現在は北米サムソン社のチーフ・マーケティング・オフィサー) は広告業界誌『アドバタイジング・エイジ』の記事で語っています (ペプシ社側はこの発言を否定)。

なお、2010年に不参加を決めたことで話題になった巨大イベント、「スーパーボウル」へのTVコマーシャルの出稿に関してですが、翌2011年は2月6日に行われたゲームにおいて、ペプシは広告出稿を復活させました。

スーパーボウルのような巨大な影響力を持ち、また評価指標も分

かりやすい既存マスメディアは、飲料ブランドのような「マス」に訴えかけることを必要とする商品にとって、無視できないマーケティングチャンネルであることを示します。

ソーシャルメディア・マーケティングの効果

さて、「賞賛」と「現実」を併せ持つペプシコ社のソーシャルメディア・マーケティングの活動事例をご紹介しましたが、今後企業でのソーシャルメディア活用を考える際、どのような評価が下されるのでしょうか。2011年1月に本記事を「現代ビジネス」に掲載した際、私は専門家が集うQ&Aサイト「Quora」に、「『リフレッシュ・プロジェクト』のROI（費用対効果）を、ビジネスの視点からどう評価するか」、という質問を投げかけてみました。米国の著名コンサルタントであるジェフ・リビングストン（Geoff Livingston）氏からすぐに寄せられたコメントには、「評価が非常に難しく、回答が難しい質問だ」「間違いなく数年後にはビジネス・スクールで議論されるケースとなるだろう」と回答がありました。実際に2011年9月、『ペプシ・リフレッシュ・プロジェクト、変化への渇き』と題したハーバード・ビジネス・スクールのケーススタディが出版されました。

私は「短期的に判断するのは時期尚早で、消費者とのエンゲージメント（つながり）は長期的な売り上げにきっと寄与する」という考え方と、「飲料、自動車、家電等のマス向けの商品のマーケティングにとり、ソーシャルメディアへの過度の依存は短期的な成果に直結せず、リスクを孕む」という2つの考え方があると思います。

追記：「ペプシ・リフレッシュ・プロジェクト」はキャンペーン開始後2年半が経ち（2012年5月時点）、同ウェブサイトは存在していません。

ソーシャルメディア投票で寄付先を決める試み

　米国大手銀行JPモルガン・チェースは、フェイスブックと提携し、事前応募のあった非営利団体（NPO）の中から、最も人気のある団体をフェイスブックユーザーに選んでもらい、最高金額25万ドル等、合計500万ドルを寄付する、「チェース・コミュニティ・ギビング」というキャンペーンを2009年の秋からその後計4回、実施しました（写真1）。

　2回目となる2010年7月に発表されたリリースによると、フェイスブック上で行われたチャリティ・キャンペーンとしては当時過去最大規模で、投票に参加したユーザーは250万人を超えたとのことです。

ソーシャルメディアの進化形を見る

　キャンペーンの概略は次の通りです（ただし、実施回により受賞団体数、金額等は変更・改良がされています）。
・米国内で認められているNPOで年間運営予算が100万ドル以下の団体のみ、事前にウェブサイトを通じて応募を受け付ける（活動領域は教育、青少年育成、医療、住宅、環境、コミュニティ開発等多岐にわたる）。
・専用のフェイスブック・アプリケーション上にエントリーされた合計50万件の応募NPOの活動概要を2010年6月15日から7月12日までの期間、掲載する。
・フェイスブックユーザーは自分の応援したいNPOに投票すること

ができる(投票は一人原則20回まで、但し同じ団体への重複投票は不可)。
・期間中最も多くの票を得た1団体に対し25万ドル、次点の4団体には各10万ドル、6位以下の上位195団体には2万ドルずつの寄付が、同年7月13日の結果発表後に贈られる。

　第2回の最優秀賞には「ハリー・ポッター・アライアンス」という、ダルフール、ミャンマー、ハイチ等紛争、被災地域へのフィクション小説等の書籍寄贈による識字率向上、人権擁護活動を行う団体が選ばれました。
　従来大手企業の寄付といえば、美術館等の文化事業や、企業と何らかのゆかりのある地域のNPO等の決められたチャリティに対して行われるもの、というイメージを持っている方が多いかもしれません。
　JPモルガン・チェース社の試みは、Open business01で紹介したペプシコ社同様、フェイスブックによるソーシャルメディア・プ

ラットフォームを活用している点で画期的といえます。

　ソーシャルメディアを活用したコンテスト実施型の寄付活動は、フェイスブックが広く浸透している米国において、キャンペーンを通じて何百万人もの人へポジティブな企業ブランドのメッセージを伝えることが可能になります。

　また寄付の贈り先を選ぶ際にも、一般の市民（潜在的な顧客）の声に耳を傾けながら決定されることで、個人と、地域コミュニティと、そしてスポンサー企業との意味のある「つながり」が生まれる可能性が高いのです。

「チェース・コミュニティ・ギビング」は、2009年秋、2010年夏、2011年春、2011年秋とこれまでに4回開催された実績があります。第1回は投票方法の透明性等の問題点をニューヨークタイムズ紙上で他団体から批判されるという事件もありました。2回目にはそれらの批判を受け止め、投票方法の簡略化、透明性の担保等の改善がなされ、好意的な評価を受けました。

　このキャンペーンは、フェイスブックのユーザー数が多いアメリカの特殊事例として片づけることができるかもしれません。また寄付の制度も文化も日本と大きく異なるため、日本にはなじまない、と言う人もいるかもしれません。

　ただ日本でも裾野を広げつつあるソーシャルメディア活用の一歩先にある姿として、今後注目に値する、新しい寄付・マーケティング活動の潮流のひとつであると思います。

197

米・母親世代の92%
「社会・環境を支援する商品」
購入希望

　2010年9月15日に発表された米ブランドコンサルティング会社コーン（Cone）社の調査結果によると、母親世代の92％が「社会・環境にいいことを支援する商品・ブランド」の購入を希望しているという結果が明らかになりました（全体平均は81％）（写真1）。

　更に母親世代の61％は過去1年間に社会貢献支援を謳った商品を実際に購入した、という結果でした（全体平均は41％）。

　この分野のコンサルティング会社の草分けとして知られるコーン社が過去17年間にわたって実施している調査が「コーズ・エボルーション・スタディ」で、今回の調査は18歳以上の成人男女約1000人（男女同等比）に対し、2010年の7月に実施されたものです。ここでいう「母親世代」とは、本調査では17歳以下の同居している子供を持つ女性のことを呼んでいます。

コーズ（Cause）への高い関心

　企業の社会問題や環境問題などへの積極的な取り組みを対外的にアピールすることで消費者の興味を喚起し、利益の獲得を目指すマーケティング手法は「コーズ・リレーテッド・マーケティング（CRM）」と呼ばれ、近年アメリカ等を中心に注目されている手法です。

　この章でも既にペプシ、JPモルガン社がソーシャルメディアの影響力を巧みに取り入れた試みを紹介しました。その始まりは1983年、アメリカン・エクスプレスが行った「自由の女神修繕キャンペ

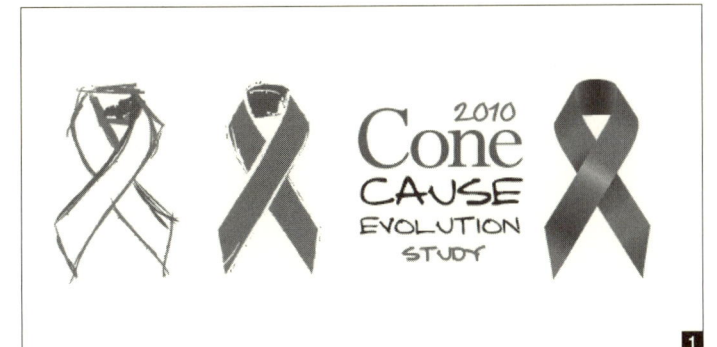

ーン」に遡ります。アメリカン・エキスプレス・カードが使用される度に1セントを、同カードの新規発行1件ごとに1ドルを、自由の女神修繕のために寄付するというもので、大きな成功を収めました。

調査の中で、母親世代の購買行動における企業の社会的貢献への関心の強さが指摘されています。コーン社創業者のキャロル・コーン (Carol Cone) 氏は理由として、「女性は生まれながらにして自宅、職場、コミュニティ等生活全般において関係性を支えている存在です。従ってコーズ（社会貢献や環境のような大義）への感受性も強いのです」と述べています。

「コーズ・エボルーション・スタディ」ではその他の項目を見ても母親世代の「コーズ」への共感は高く、95％（平均88％）が「コーズ・マーケティングを受け入れる」と答え、93％（平均80％）が「『コーズ』を掲げる商品・ブランドがあれば乗り換える」、と回答しています。

「『商品にリボンをかければいい』というような安直なキャンペーンはすぐに見透かされます。企業、商品に合う大義を見出し、十分な

計画を練った上で長期的に、深くコミットすることが大切です」と、企業の社会貢献活動への関心が高まっている今だからこそ、コーン氏は指摘しています。

継承、伝播する意識

　コーン社の今回の調査では、18歳〜24歳の「ミレニアム世代」の影響も、見逃せない影響力を持つことが示されています。ソーシャル・ネットワーキング・サイト（SNS）を自由に使いこなし、口コミの影響力を持つグループとして、また、世代全体で400億ドル近い購買力を持つグループとして、注意すべき集団と言われています。

　87％ものミレニアム世代は、「就職先選定基準としてコーズブランディングが重要」と回答し、マーケティング担当者のみならず、会社経営者、人事担当者にとっても無視できない傾向となりつつあります。

　これらの調査結果は、あくまでアメリカの現状の一端を示すものであり、人口構成比、社会貢献活動・チャリティの歴史や捉え方、SNSの浸透度等が違う現在の日本の状況にそのまま当てはまるとは言えません。

　ただ、日本国内でもコーズ・リレーテッド・マーケティングのトレンドは近年注目を集め、既にいくつかの事例も生まれつつあります。

　飲料メーカー、ボルヴィックによる「1リットル for 10リットル」プログラムは、1リットルの水を購入すると、売り上げの一部がアフリカでの井戸建設に使われ、10リットルの清潔な水が生まれる、というキャンペーンです。2005年にドイツで始まったプログラムで、2007年から日本でも展開されています。

　大手スーパーマーケットのイオンによる「幸せの黄色いレシート

キャンペーン」は、毎月11日のイオン・デーに、レジ精算時に受け取った黄色いレシートを応援したい地域のボランティア団体の投函BOXに入れると、購入金額合計の1％が地域ボランティア団体などに希望する品物で寄贈される、というしくみです。2010年には約2億8000万円相当の寄贈が行われました。

　アメリカの母親世代とミレニアム世代の購買・消費行動を踏まえ、日本ならではのコーズ・リレーテッド・マーケティングがどのような形で進化を遂げていくことになるのかは注目すべき点です。またその際、コーン社が提供するような専門的なデータ、コンサルティングサービスの必要性が、今後日本でも高まることと思われます。

新興国市場で拡がる「社会貢献消費」

米独立系大手PR会社エデルマン（Edelman）社による、世界13ヵ国、7000人以上を対象に行われた消費者意識調査「グッドパーパス調査」の結果が、2010年11月に発表されました（写真1）。

当時で4年目を迎えていた同調査結果によると、世界主要国の消費者の86％が、ビジネスは社会的な利益に、少なくともビジネスの利益と同じくらい重きを置かなければいけないと信じている、ということが明らかになりました。

特に新興国の消費者でこの傾向の変化は顕著で、インドは前年から34％上昇して81％、中国も23％上昇して89％もの人が、社会的意義に貢献するブランドを少なくとも年に一度は購入する、と回答しました。

他の新興国であるブラジルとメキシコも8割近い人が社会貢献的な消費に積極的なのに対し、西欧諸国を中心とする国々（アメリカ、カナダ、フランス、ドイツ、イタリア、オランダ、イギリス、UAE、日本）の平均値は54％という結果でした。中でも日本は35％と、調査対象国の中で最下位という残念な結果となっていました。

なぜ新興国の意識が高いのか

「コーズマーケティングの母」と呼ばれ、自身が創業したコーン社から2010年秋に新たにエデルマンに参画したキャロル・コーン氏（ブランド、企業市民担当マネージング・ディレクター）は次のように語っています。

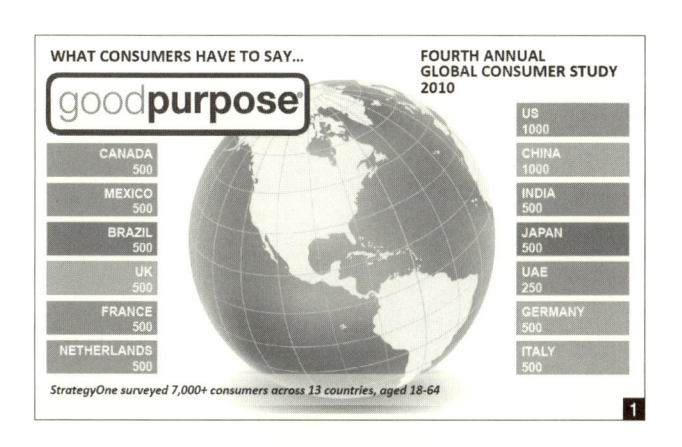

WHAT CONSUMERS HAVE TO SAY...
goodpurpose
FOURTH ANNUAL GLOBAL CONSUMER STUDY 2010

CANADA 500
MEXICO 500
BRAZIL 500
UK 500
FRANCE 500
NETHERLANDS 500
US 1000
CHINA 1000
INDIA 500
JAPAN 500
UAE 250
GERMANY 500
ITALY 500

StrategyOne surveyed 7,000+ consumers across 13 countries, aged 18-64

「ブラジル、中国、インド、メキシコでは経済発展のティッピングポイントに到達し、市民の目線に立った消費が急速に拡がっています。何故なら新興国では資源や人権に関する社会的課題が同時に起こっているからで、彼らは市民目線を持ち、環境・社会への配慮を持った消費の目的を理解しているのです。そうした消費活動を生活の中心に置き、日々の商品・ブランドとの関わりも社会的課題に合致させたいと思っているのです」

また同氏は「64％の消費者はもはや企業は寄付をするだけでは十分ではなく、日々のビジネスの中に社会的意義を統合させるべきと感じている」というデータを踏まえ、こうも言っています。

「もはや商品を見栄えよく飾り立てるだけでは十分ではなく、消費者は自分たちが購買やオンラインの投票、イベントへの参加等、具体的に社会的課題に深く関わりを持つことを求めているのです。ブランドや企業に対しては社会的な課題へのエンゲージメント（関わりや絆のようなもの）を持つための様々な手段・機会を提供することを期待しているのです」

コーン氏はお飾りのコーズマーケティングではなく、経営の視点を持ち、全社的な試みとして取り組むことを推奨しています。「我々

が知っているコーズマーケティングは死んだ」と題した「USA Today」紙の寄稿記事は、成功するコーズマーケティングのための具体的なアドバイスが5つ、提示されています。
・人事、商品開発、社長室等、役割・部門の異なるチームを構成すること
・新入社員を含めた従業員をあらゆるレベルにおいて巻き込むこと
・過去にどのようなことを試みたかを分析すること
・価値やミッション、会社の存在理由を分析し、コーズ（大義）との親和性を持たせること
・消費者を理解すること（彼らは人生においてどのステージにいるか等）

マーケティングにおける5つ目の「P」

エデルマン社チーフ・クリエイティブ・オフィサーであり、「グットパーパス調査」の考案者であるミッチ・マークソン（Mitch Markson）氏は、マーケティング活動において高まる「P」（Purpose＝「目的」／大義・意義の意味を持つCauseとほぼ同義で使われていると思われます）の重要性を指摘し、マーケティングの基本要素として引き合いに出される4つの「P」（Products＝製品、Price＝価格、Place＝流通、Promotion＝販売促進）に、5つ目の「P」として追加すべきだ、と主張しています。

そしてマーケティング活動にチャリティや社会貢献活動のような「目的・意義」を持たせることは、商品やサービスと消費者との間により深い繋がりや一体感をもたらし、最終的に購買行動へも繋がると指摘しています。

マークソン氏は具体的な例として、Open business01で紹介したペプシコ社の「リフレッシュ・プロジェクト」のキャンペーンを挙げています。

グッドパーパスの調査結果では、社会的な意義を持った商品やサービスがあれば、口コミ等で広める、と答えた人が2年前の53％から62％に上昇していることも、明らかになっています。
　特に18歳から24歳の若年層の40％は、こうした口コミ情報をツイッターやフェイスブックのようなソーシャルメディアで発信していると回答しており、企業としては真剣にこの影響力を考える必要がありそうです。
　フェイスブックでは「いいね」ボタンを、ツイッターでは「RT」ボタンを気軽に一回クリックするだけで、何千人から何十万人という消費者の行動に影響を与え始めているのです。
　エデルマン社の消費者意識・コーズマーケティング調査結果は、Open business03でご紹介した米国内を対象にしたコーン社の調査と異なり、13ヵ国をカバーするグローバルなデータである点が特徴です。

Open business 05

みんなのアイディアで「世界を変える」新プラットフォーム

　どんな困難な問題も、一人だけで解決するのは難しいかもしれないけれど、多くの人の知恵、協力があれば可能かもしれない。
　ソーシャルメディアツールの登場、また「共有」を奨励する新しい文化によって、そんな考えが広がっています。
　アップル、ペプシコ、P&G等の一流企業をクライアントに持つデザインコンサルティング会社アイデオ（IDEO）は、2010年7月に「オープン・アイデオ（www.openideo.com）」（写真1）というウェブサイトをリリースし、そんなアイディアを実現させました。

オープン・アイデオ（OpenIDEO）

　オープン・アイデオは、スポンサーである企業や財団から寄せられた世界の社会的課題に対し、ウェブを通じてオープンにアイディア・解決方法を募るサイトです。
　アイデオはデザインに興味のある方であれば広く知られているブランド企業で、また、同社ゼネラル・マネージャーであるトム・ケリー（Tom Kelly）氏により執筆された書籍、『発想する会社！－世界最高のデザイン・ファームIDEOに学ぶイノベーションの技法』（早川書房）でも知られるとおり、そのイノベーションを生み出す手法において、世界中で高く評価されています。
　そのアイデオが開発したサイトということで、ビジュアルを活用した分かりやすいしくみ、アイディアを集めるためのしかけ等に注目が集まり、オンライン上での評判、サイト参加者からの期待も高

く、最初の1年で170ヵ国から1700人のメンバーがプロジェクトに参加しました。

　同ウェブサイトに掲載されている紹介動画もデザイン会社らしく、シンプルなイラストを用いて、基本的な4つのステップが描かれています。それは、1) インスピレーション（刺激・ヒント）、2) コンセプティング（コンセプト化）、3) エバリュエーション（評価)、4) コラボレーション（協業）の4つのステップからなります。

　例えば、サイト上で取り上げられている課題の一つとして、カリスマシェフとして学校給食の改善活動に取り組んでいるジェイミー・オリバー（Jamie Oliver）氏からのものがありました。彼はイギリスの学校給食の惨状を目の当たりにし、その改革を求める国民的な運動を広め、『ジェイミー・オリバーの食品革命！』というTV番組を通じて脚光を浴び、世界的に活動を推進している人物です。「どのようにしたら子供たちに新鮮な食材を食べることの重要性を認識してもらい、肥満をなくすことができるか？」と、動画も交えてサイト上で問いかけます。

Open business 05

　課題提案者はスポンサーとしてこのプロジェクトを見守り、革新的なアイディアを募ることを目的にしています。秀逸なアイディアがあったときは事業化をする可能性もあり、寄せられたアイディアの出版、利用の権利も有します。

　このように、スポンサーと課題をサイト運営側で厳選し、同サイトには2012年5月時点で15のプロジェクトが掲載されています。これらの課題に対し、参加登録をしたユーザーは様々な視点から自由にアイディア、インスピレーションを寄せることが出来ます。

　その際にユニークなのは、サイトにアップするものが数行の文章の人もいれば、動画を埋め込む人もいて、手描きスケッチ、チャート、写真、音楽まで、参考になりそうなものであれば何でも歓迎される点です。なお、それらは人気順や日付順で簡単に可視化できます。

　一定の期間を過ぎると、今度は寄せられた「インスピレーション」をもとに、コンセプトとして具体的なアイディアや提案を募ります。そこでサイトに寄せられたコメントやデジタルの「拍手」による人気投票、そして課題提出者および運営チームの検討の結果、20個のアイディアが最終選考に進みます。オンライン上で参加者からの評価、コメント、改善点を募るためです。

　結果、最終的にひとつのアイディアがオンライン投票で選び出されます。事業化するかはスポンサー次第ですが、アイディア提供者は多くの人、企業からの注目、信頼を集めることができます。

　第1回目の課題として実験的に実施されたチャレンジは「刺激的なオープン・アイデオのロゴを創る！」というものでした。ウェブサイトを見るとどのようなアイディアが寄せられ、どのようなフィードバックが寄せられて、最終的に現在使われているロゴが選ばれたかを容易に知ることができます。

　このサイトの特徴は、多様なバックグラウンドを持った人が、それぞれ貢献出来る形で課題解決に取り組むチャンスが与えられてい

ることです。

　どんな形であれプロジェクトに参加すると、デザイン指数(Design Quotient)として自分の貢献度がポイントに加算され、他の人からも評価してもらうことが出来ます。評価ポイントはアイディアやデザインの提出のみならず、「拍手」を送ったり、コメントを残したりすることでも反映されます。

　オンライン上の協業のモデルとして、ウェブを活用することで不特定多数の人の叡智を寄せ集める手法（クラウドソーシング）は今後ますます進化していくことと思います。デザイン思考を活用したオープン・アイデオは是非今後も注目したい取り組みです。

コネクトがキングとなる時代

　オフライン・イベント運営のプラットフォーム企業、「ミートアップ社（www.meetup.com）」の共同創業者でCEOのスコット・ハイファマン（Scott Heiferman）氏は、2011年5月、アメリカのディズニーワールドで開催されたソーシャルメディア関連のカンファレンス「マッシャブル・コネクト（MashableConnect）2011」での講演で訴えました（写真1）。

　「21世紀におけるブランドの証は、そのブランドに関わる、そのブランドを応援するための『ミートアップ』がある、ということなのです」

ミートアップの潮流

　ミートアップとは「共通の興味や地域に関して、インターネット上で自発的にイベント管理・告知をすることで集う『オフ会』のようなもの」です。そのミートアップを世界中で促進するためのオンライン・プラットフォームを提供しているミートアップ社のサイトを通じ、2012年5月時点で1100万人を超える登録ユーザーが、毎月34万を超えるミートアップに参加しています。

　ちょうど2010年にアナウンスされた「Meetup　Everywhere」というサービスは、事前に提携した企業やブランドがサイト上で自社のための「グローバル・○○・デイ」と宣言したりすることで、

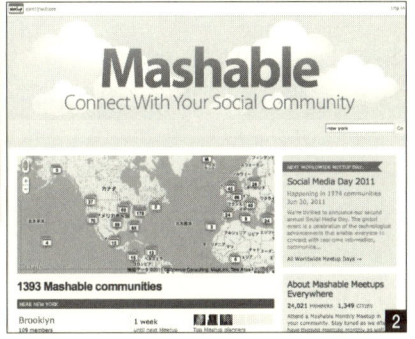

世界中でその企業、ブランドについてのミートアップが、ファンたちにより自発的に開催される、というものです。

今までにミートアップの開催数が多いブランドとして、例えばソーシャルメディア情報サイト、「マッシャブル」が挙げられます。2012年5月時点で3万人を超える会員が、世界中の約1600もの地域でミートアップを企画、リアルな交流の機会を自発的に展開しています（写真2）。

マーケティング活動でも重要なオフラインへの誘導

従来のマーケティングは、TV、新聞、雑誌等マスメディアに広告を出稿したり、プロモーションとしての大規模イベントを企画したりすることに多くの力が注がれてきました。今後もその状況が一気に変わるとは思えませんが、ミートアップが推進するコミュニティを活用した一連の取り組みを見るにつけ、新しいマーケティングの可能性、潮流を感じます。

魅力的な商品、サービスを提供する企業ブランドであれば、既にそのブランドに関しての会話をするファンがオンラインに多く存在します。そのコミュニティにイベント開催のプラットフォームとい

う「きっかけ」を提供することで、リアルのイベントが今後もっともっと自然発生的に生まれていくのではないかと私は考えます。

　ハーレーダビッドソン、iPad、ミニクーパー等、人気のあるブランドに関するミートアップは既に数多くありますし、母親（ママ）コミュニティのためのミートアップは現在世界中に約8000、スモールビジネスに関するものは約7000以上、そして本に関するブッククラブは6000以上と、とても広範に存在しています（2011年6月時点）。企業は新たに自分たちのファンクラブを作らなくとも、既に集まっているコアなグループに対し、ミートアップをスポンサーとして支援することで自社ブランドとの関係を築くことが可能です。

ミートアップが3.11以後の日本に伝えるヒント

　ハイファマン氏の講演で印象深かったのは、ミートアップが2001年の「9.11テロ」がきっかけで生まれたサービスである、ということです。ハイファマン氏は当時テロをニューヨークで経験し、とにかく多くの人が人とのつながりを求めているのではないか、という思いから、仲間とミートアップのサービスを始めたそうです。

　10年前と今を比べるとインターネットを活用したコミュニケーションのあり方は大きく異なり、今日ではフェイスブック、ツイッター等の登場により、格段にオンラインコミュニケーションのインフラが発達しています。日本でも東日本大震災以降、漠然とした不安に向き合ったり、新しい環境に対しての問題解決が求められたりする際、共通のテーマでつながり合うリアルのコミュニティの大切さは、10年前のニューヨークと同じ状況ではないかと思います。

　新しい時代におけるモノを売るマーケティングの手段として、また共感を形にし、社会の様々な問題解決を行う手段として、ミートアップ的なものが、日本でも今後広がっていく可能性を強く感じます。

213

ソーシャルメディアと
同窓会コミュニティ

　ソーシャルメディアツールを活用することで、いかに世界規模の同窓会組織が連絡を取り合い、効果的にオンラインのコミュニティを形成しているか、という内容の記事が、2012年1月31日、ニュースサイト「マッシャブル」に掲載されました。

　紹介されている事例を通じ、フェイスブックやブログは情報発信プラットフォームとして、ツイッターはリアルタイムの会話の場所として、そしてリンクトインはキャリアサポートネットワークとして、非常に効果的に活用されていることがよく分かるものでした。

　紹介された事例とは、アメリカ政府の途上国支援ボランティア派遣プログラム、「ピースコア（PeaceCorps）」というものです（写真1）。かつてジョン・F・ケネディ大統領候補が選挙公約で提唱したアイディアを、1961年に実現し創設された50年以上の歴史を持つプログラムで、若者を中心に25万人以上のボランティアが世界中の途上国に長期滞在し、農業、教育、テクノロジー等の分野で開発援助活動に取り組むという内容です。日本の国際協力機構(JICA)が1965年から運営している「青年海外協力隊」事業に非常に近い内容のプログラムです。かつて同窓会活動といえば、幹事になった人が地道に名簿管理をしながら、郵送、あるいは電子メールでニュースレターを送ったりして近況を共有し合い、寄付を募りながら同窓会を年に数回開催するというのが一般的だったと思われます。実際、今もこうした運営形式は広く行われていることと思います。

　ただ、ソーシャルメディアツールが一般的に広く活用され、人口の50％以上がフェイスブックを利用しているアメリカの場合、やは

り同窓会運営もダイナミックに様変わりしている様子をうかがい知ることができました。そのいくつかの取り組みをご紹介したいと思います。

フェイスブックページやブログを活用した
同窓会事務局からの情報発信

　ピースコアの同窓会組織であるNPCA（National Peace Corps Association）により管理、運営されているフェイスブックページ（写真2）は、約1万5000人の「いいね」を集めており、ほぼ毎日、安定的に何らかの情報発信をして会員同士の交流のきっかけを提供

している様子が分かります。

　投稿内容は同窓会組織の活動内容を紹介するブログ記事やメディア掲載記事のリンク共有、スタッフの近況やオフィスの引っ越しの様子を写真付きで紹介する等、運営者側からの投稿が中心です。ただ折に触れて同窓生からの近況報告や情報提供、そしてかつての仲間を探している、というような投稿も寄せられています。

　例えば「1996年にホンジュラスに滞在していたものですが、同期の仲間を探しています」という問い合わせには、事務局からではなく、他の同窓生から「ピースコア・ホンジュラス滞在者専用フェイスブック・グループがありますよ。そちらはチェックしてみた？」と900人近いメンバーが登録しているリンクの紹介がすぐ寄せられています。

ツイッターを活用したチャットを毎週開催

　ツイッターの活用方法の中で特に注目に値するのは、2011年7月から始められた新しい試み、「ツイートチャット」(写真3)です。これは投稿する際にツイッター上で共通のハッシュタグ(#で始まる単語、この場合は#rpcvchat〈Returned Peace Corps Volunteer Chatの略〉)を含めることで、世界中から寄せられる会話の一覧を共有しながらやり取りが出来るというものです。

　毎週金曜日正午(米東部時間)から、1時間開催されるこの「ツイートチャット」には、現役ボランティア、同窓生、そして将来ピースコアに参加したいと思っている人が世界中から参加し、ダイナミックな交流の機会を提供しています。質問内容はNPCAから数日前に提示され、例えば「滞在した国ではどんなスポーツをしていましたか？」「どのようなスポーツを現地に紹介しましたか？」等、同窓生ならではの質問が投げかけられ、何気ないトピックでも参加者同士の交流を促進するような工夫がなされています。

リンクトインのグループ機能でキャリアサポート

　リンクトインを活用した特徴的な点は、同窓生によるキャリアネットワークの構築です。長期間を異国の途上国で過ごす多くの若者にとって、ピースコア経験後のキャリアについては、現役参加者や将来参加を検討している若者にとって、切実な関心事です。将来同窓生がどのような業界でどんなキャリアを築いているかを学び、またオンラインを通じて彼らからキャリア上のアドバイスを得ることは何ものにも代え難い情報に違いありません。

　リンクトインは現在世界中で約1億5000万人が活用するビジネスに特化したSNSで、オンライン上に本人の職歴やネットワークのリンクが表示されており、就職・転職のみならず、ビジネス分野のネットワーキングの場所として活用されています。NPCA専用のグループには同窓生を中心に6000人を超える人が登録されており、こうしたコミュニティがあることで、同窓生ならではの就職や転職に関する情報やアドバイスを得ることが可能になっています。

メディアやクチコミを利用して同窓生を探す

　最後にご紹介したいのが、連絡先が分からなくなっている人の行方を報告してもらうためのオンラインキャンペーンを、事務局として積極的に展開している点です。「25万人プロジェクト」と名付けられたこのキャンペーンは、各種メディアやクチコミを通じ、かつて参加して今連絡先が分からなくなっている人の情報を友人や家族から教えてもらう、というものです。設立50年を迎えた2011年の1年間で3900人の連絡先を見つけることができたこうした努力は、フェイスブック等の利用で簡単に昔の友人や同僚を見つけられる時代においても効果的な取り組みと言えるのではないでしょうか？

オンライン同窓会
運営とコミュニティマネージャー

　Open business07でアメリカの途上国支援ボランティア派遣プログラム、「ピースコア（Peace Corps）」に見られるソーシャルメディアを活用した同窓会組織のあり方を取り上げました。ここではそうしたオンラインのコミュニティを運営する際に欠かすことができない、「コミュニティマネージャー」と呼ばれる存在について取り上げます（写真1）。

　コミュニティマネージャーとは、同窓会のみならず、企業ブランドについてのファンコミュニティ、非営利団体の支援者コミュニティ等、ソーシャルメディアの爆発的な普及により数多く生まれているオンラインのコミュニティを効果的に企画、管理、運営する人材のことを広く総称する職種として、近年注目を浴びています。

コミュニティマネージャーに高まるニーズ

　フェイスブック、ツイッター、リンクトイン等のソーシャル・ネットワーキング・サイトを活用することで、以前では想像することが出来なかったようなコミュニティを創りだすことが可能になっている一方で、コミュニティメンバーという「人」を相手に、効果的に戦略を描き、企画を立案し、日々の膨大なやり取りを運営・処理するスキルを持った人材のニーズが高まっていることは、自然な流れと言えるかもしれません。

　従来、同窓会の幹事や、ボランティア団体の運営に携わってきた人も、ある意味立派なコミュニティマネージャーといえますが、今

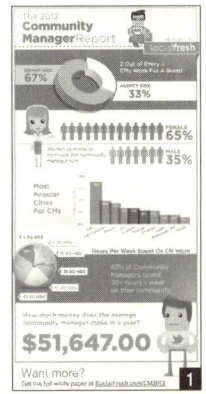

日、注目を浴びる存在になった背景には、効率的にコミュニティを運営するためのソーシャルメディアの活用の比重が格段に高まり、必須のスキルとして求められている、という実態があります。

　ただ、コミュニティマネージャーに求められる資質、実際に対応するべき職務領域は多岐にわたり、また多くは日々の地道な作業であるため、多くの人に認識されにくいのも事実です。

　そのような課題に対し、コミュニティ運営の職務に従事する人同士のゆるやかなコミュニティが形成されており、コミュニティマネージャーの存在にスポットライトをあて、感謝の気持ちを伝え、業界を盛り上げることを目的に設けられたユニークな記念日が存在することをご存知でしょうか？

毎年1月第4月曜日は「コミュニティマネージャー感謝の日」

　米ソーシャルメディア調査会社アルティメーター・グループ(Altimeter Group)アナリストのジェレマイア・オウヤン(Jeremiah Owyang)氏が提唱して、2010年から始められているのが、「コミュニティマネージャー感謝の日」という記念日です。

　オウヤン氏は以前からコミュニティマネージャーの重要性を講演やブログ等を通じて訴えてきた業界の著名人であり、過去に「コミュニティマネージャーに求められる4つの資質」としてブログに記した内容は、今でも多くの人に参照されています。その4つとは、①「A Community Advocate (コミュニティの推奨者、消費者の代表者であること)」、②「Brand Evangelist (ブランド・エバンジェリスト、商品のプロモーターであること)」、③「Savvy Communication Skills, Shapes Editorial (優れたコミュニケーター＆編集者として、適切なコミュニケーションがとれること)」、④「Gathers Community Input for Future Product and Services (将来のサービス、製品開発等に役立つ情報をコミュニティから集められること)」("The Four Tenets of the Community Manager" 2007年11月25日付より) です。

　そのオウヤン氏が提唱したのは、毎年1月の第4月曜日に、普段お世話になっているコミュニティマネージャーに、ブログ投稿やイベント開催等を通じ、またハッシュタグ「#CMAD」(Community Manager Appreciation Dayの略)や「#CMGR」(Community Managerの略)を含んだメッセージをツイッターで発信することで感謝の気持ちを伝えよう、というものです。

　3年目を迎えた感謝の日 (2012年1月23日) には、昨今のソーシャルメディアの盛り上がりの勢いを受け、アメリカを中心とした数多くの地域で、この記念日を祝う取り組みが行われました。

例えば、「thecommunitymanager.com」というウェブサイトによると、1月23日の1日だけで、「#CMAD」を含んだツイートが1400人の投稿者によって1900回つぶやかれ、900万人に閲覧された、というデータが紹介されています。

　ソーシャルメディアニュースサイト、マッシャブルでも1月23日に「感謝すべき6人のコミュニティマネージャー」として、Foursquare、2tor、Instagram、Google+、ニュースコーポレーション等で勤務するコミュニティマネージャーが紹介されています。

　2010年8月から毎月開催されているコミュニティマネージャーのためのミートアップ、#CMmeetupも、既に会員が1000人を超え、全米、そしてロンドンにもムーブメントが拡大している様子が、同記事に紹介されています（実際1月23日に行われた#CMmeetupには、約100人のコミュニティマネージャーが集まった様子がCMmeetupのサイトにレポートされています）（写真2）。

優秀なコミュニティマネージャーを表彰

　コミュニティマネージャーに対する期待が更に高まっていると感じる新しい試みとしては、ソーシャルメディア運用管理ソフトウェア会社、ヴィートゥルー（vitrue）社による、史上初めてとなるコミュニティマネージャーアワードが企画されたことも挙げられます。

　「Vitrue Community Manager of the Year Award」と題されたこの企画は、やはり1月23日に「感謝の日」にちなんでリリースされ、2012年10月1日までの間、一般投票で日々コミュニティメンバーと向き合い活躍しているコミュニティマネージャーを募るというものです。その後、投票および専門家による審査を経て、2013年の「コミュニティマネージャー感謝の日」には最優秀と評価され

る人物が発表される予定です。
　同社が作成したアワードの公式紹介動画（写真3）を見ると、やややコミカルにコミュニティマネージャーに対するイメージが描かれていますが、ヴィートゥルー社自身は、企業に対するソーシャルメディアプラットフォームサービスを提供することで近年飛躍的な成長を遂げている企業です。2011年の同社の業績は前年比2倍の売り上げを計上、社員数も前年比3倍の180人に成長、クライアントの数もグローバル企業を中心に500社を超え、4500ものフェイスブック、ツイッター、Google+等のSNSアカウントの運用支援を行っています（同社はオラクル社に買収されることに合意したと2012年5月に報道されました）。
　以上「コミュニティマネージャー感謝の日」の様子を振り返りながら、注目が集まりつつあるコミュニティマネージャーという存在にスポットライトをあててみました。
　同窓会やサークルのコミュニティ運営を超え、民間企業のコミュニティ運営となると規模も大きく、高度な運営管理ツールの導入やスキル習得が求められることも予想されます。
　もちろん、オンラインコミュニティ導入に伴う炎上やプライバシーの問題、あるいはデジタルデバイド、リタラシーギャップ等の問題も予想されます。しかし、こうしたスキルを持った人材が社会の中で増え、またノウハウも今後広く共有される中で、草の根のコミュニティ運営全体のスキルのレベルも上がることと思われます。地域活動、NPO活動、行政の仕事を含め、様々な共同体においてコミュニティの価値がより高まることで、豊かな社会が生まれることに強い期待を抱いています。

223

社会課題の解決にも活用される「ゲーミフィケーション」

　調査会社ニールセンの2010年8月の調査によると、アメリカではオンラインゲームに費やされる時間は月に4億700万時間に上り、ソーシャル・ネットワーキング・サイトに費やす時間（9億600万時間）に次いで、2番目に人気のあるインターネット上の活動となっているそうです（ちなみに3番目は電子メールの3億2900万時間）。

　多くの人を虜にするこのオンラインゲームの盛り上がりとともに、「ゲーミフィケーション（Gamification）」というキーワードが近年話題になっています。

　「ゲーミフィケーション」とは、ソーシャルメディアを活用することで多くの人を引きつけるゲーム的な要素、技術、ノウハウ等をゲーム以外の分野に応用していこう、とする取り組みのことを指します。

　ソーシャルメディア上の友達と進捗を比較したり競ったり、自分の成長や順位が可視化されたり、バッジやポイントがもらえたりする等、オンラインゲームの中で巧みに活用されているコンセプトは、参加ユーザーのロイヤリティーを高める上で非常に効果的な方法なのです。

ゲーム感覚で社会問題解決を

　多くの消費者との関係性を築きたい企業が、マーケティング目的でこの新しいトレンドを取り入れようとするのと同様、社会的な課

題を解決しようとする政府機関、国際機関、非営利団体等の間にも積極的に「ゲーミフィケーション」のコンセプトを取り入れようとする気運が大きな高まりを見せつつあります。

2004年にニューヨークで設立された非営利団体「ゲームズ・フォー・チェンジ（www.gamesforchange.org）」は、その団体名の通り社会的な問題解決のためにゲームを活用しようとしているクリエーター、企業、活動家等を支援することで、この新しく生まれつつあるムーブメントを推進しています。

設立当時はこのテーマに興味のある業界関係者約40名程度のミーティングだったのが、その後少しずつ活動の幅を広げ、2011年6月にニューヨークで開催された第8回「ゲームズ・フォー・チェンジ・フェスティバル」には、前年比50％増の約800人が集まり、業界の大きな盛り上がりをアピールしました（写真1）。

キーノートスピーカーには元米国副大統領で気候変動問題に取り組んでいるアル・ゴア氏が登壇し、スピーカーには社会的なミッションを持つゲーム制作者、ソーシャルゲーム大手ジンガ（Zynga）

の財団代表、ゲイツ財団担当者、その他にも国連機関であるWFP（ワールド・フード・プログラム）のウェブ担当者等が名を連ねました。

　まだまだ新しいムーブメントの萌芽であり、なかなか馴染みがないかもしれませんが、今年のフェスティバルで選ばれた「ゲームズ・フォー・チェンジ・アワード」の受賞作品を見ると、その洗練された映像のクオリティ、壮大な世界観に驚きを隠せません。全4部門で選ばれた作品を紹介します。

【Direct Impact部門】
特定のターゲットに対して顕著な結果を残した作品。
・EVOKE（www.urgentevoke.com）
・Participatory Chinatown (www.participatorychinatown.org)

【Knight News Game部門】
世界情勢を題材にし、ニュースデータ、クイズ等を活用しながら社会問題の理解を促進することに成功した作品。
・Fate of the World（www.fateoftheworld.net）

【Learning and Education部門】
教室や学校外の環境での学びの促進に貢献した作品。
・The Curfew（www.thecurfewgame.com）

【Transmedia部門】
クロスメディアキャンペーンの優秀作品。
・Inside The Haiti Earthquake
　(www.insidedisaster.com/experience)

例えば「イヴォーク (Evoke)」は世界銀行研究所 (World Bank Institute) から支援を受けて2010年春に実施されたゲームです。2020年という近未来に国際社会が直面する食糧問題、エネルギー問題、水問題等の危機について、10週間の間に他のユーザーと議論や協業をしながらロールプレイングゲームを通じて課題解決を試みるという作品です。130ヵ国から2万人近い参加者が集い、そのコミュニティから発展途上国を中心に20以上の課題解決のためのプロジェクトが立ち上がったという成果を残しています。

　「Inside the Haiti Earthquake」は2010年1月にハイチで起きた地震の状況をとらえた当時のリアルなドキュメント映像をもとにオンラインで擬似体験し、現地でいったい何が起きていたかを理解することができる作品です（写真2）。現地の被災者として、災害援助スタッフとして、あるいはTVジャーナリストとして、それぞれの場面での意思決定を下すプロセスを経て、自然災害後の現地での困難な状況を理解することができます。

　環境、貧困、人権、紛争問題等、世界の社会的な課題を理解しようとした際、新聞や本、あるいはドキュメンタリー・フィルムを通じてでもなかなか理解しにくいような複雑な事象に私たちは囲まれています。そこでゲームという媒体を介することで、他のユーザーと協業したり、競ったり、明確な目標と環境設定の下で追体験することができる、ということを、いくつかのゲームを実際に体験してみて感じました。是非一度体験してみてはいかがでしょうか？

　原発、放射能、節電等、日本に住む私たちの身の回りでも全体像がなかなか理解しにくい社会的課題は数多くあります。国内でも成熟しつつあるソーシャルゲーム業界の影響力を活かした「ソーシャルグッド」なゲームの登場は、今後このような難題の理解を深める一助となるかもしれません。

遊びながらリアルな社会貢献をする「ウィートピア（WeTopia）」

「ソーシャルゲームで遊びながら、そこで獲得したポイントをリアルな世界での社会貢献活動に活かすことが出来たら……」そんな想いで生まれたのが、2011年11月にリリースされ、海外では数多くのメディアで取り上げられている「ソーシャルグッド」ゲーム「ウィートピア（www.wetopia.com）」です（写真1）。

ウィートピアは人気ソーシャルゲーム「ファームビル（FarmVille）」や「シティビル（CityVille）」同様、フェイスブック上で行われる無料ゲームで、子供たちが遊ぶ街をバーチャルの世界で創り出すことを競います。ウィートピアの特徴は、ゲームで遊ぶ中で与えられた課題をクリアする際に得られるポイント（「ジョイ〈JOY〉」）を貯め、まとまった段階で提携先である非営利団体（セーブ・ザ・チルドレン等大手を含む16団体）に対する、子供たちのための本や、きれいな水、あるいは医療サービスのための寄付に充てられる点です。

ゲームを支えるパートナーの存在

ウィートピアを運営するソージョー・スタジオ（SoJo Studios）社（ニューヨークが本社、「SoJo」は"Social Joyful"の略）は、広告とバーチャル・グッズの売り上げから得られる収益の5割をチャリティに充てることを特徴として掲げ、参加する非営利団体も週に1回、現地でその寄付がどのような効果をもたらしているかを示す画像をウェブ上で配信することを約束としています。

近年の調査結果によると、米国と英国人の1億2000万人近い人が少なくとも週に1回はソーシャルゲームをやっており、4人に1人は有料のバーチャル・グッズを購入している、と報じられています。ソーシャルゲーム業界は2015年には50億ドル（約4000億円）規模の市場になるともいわれており、まだまだこの勢いは止まらないようです。

　これだけ多くの人を夢中にさせ、そして実際の経済的な影響力を持つソーシャルゲームがチャリティの要素を盛り込むことは、むしろ自然な流れなのかもしれません。ただウィートピアが話題になっている理由は、数多くの支援パートナーの顔ぶれにもあります。

　アメリカの人気トークショーのパーソナリティのエレン・デジェネレス（Ellen DeGeneres）氏は彼女が出演する番組で長期的に応援することを宣言、その他にもシリコンバレーの著名ベンチャーキャピタリストであるエスター・ダイソン（Esther Dyson）氏、元フェイスブック社員で現在は人気SNSサービス「パス（Path）」のCEOであるデイブ・モリン（Dave Morin）氏等もアドバイザーとして名を連ね、約8億ドルの資金調達にも成功しています。

創業者の動機に見るヒント

　もう一点特徴的なのは、共同創業者であるリンカーン・ブラウン(Lincoln Brown)氏の起業の動機です。以前からハイチにおける人道支援活動に従事していたブラウン氏は、ハイチで地震が起こった際にも現地に入り、救援活動に従事していた実績があります。短期的には多くの寄付が集まったものの、数ヵ月を過ぎると同じように寄付が集まらなくなり、どのようにしたら持続的な寄付を集められるか考えた結果、ソーシャルゲームと出会い、起業を決めた、というストーリーを持っています。

　ウィートピアのプレスリリースを見て、共同創業者のストーリーを読みながら、やはり震災以降の現在の日本のことに想いを寄せます。あの時、何らかの形で寄付や物資の送付を行った方も多いことと思います。その後次第に月日が経ち、どのように持続的にチャリティの活動に関わっていくことが出来るか、その内なる声と自問自答している人も少なくはないと思います。

　普段ソーシャルゲームはあまりしない私も、試しにウィートピアに登録してみました。無料サービスであり、ルールに従って公園等を作ったり、農作物を育てたりしながら、みるみるうちにポイントである「ジョイ」が貯まり、セーブ・ザ・チルドレンの提供する識字率向上プログラムへの支援を行ってみました。

　今後どのような進捗がウェブ上に掲載されるか楽しみです。また、ついゲームの画面を何度も開き、「ジョイ」を貯めている自分に気づきました。Open Business09でも取り上げた人々を夢中にさせる「ゲーミフィケーション」というキーワードは、今後も注目していく必要がありそうです。

231

ドキュメンタリー映画と連動する
キャンペーン活動

　アメリカで2010年秋に公開された映画『スーパーマンを待ちながら (Waiting for "Superman")』は、2007年アカデミー最優秀長編ドキュメンタリー賞受賞作『不都合な真実』の監督として知られるデイヴィス・グッゲンハイム氏による、全米の公立学校の教育問題を浮き彫りにしたドキュメンタリー作品です(写真1)。同映画の非常にユニークなマーケティングプランが目を引きました。

　なんと、公式オンラインサイト上で「観る」と宣言するだけで、それが一定数に達するごとに全米の子供たち、先生、学校に寄付される、というしくみです。宣言が3万件に達すると1人5ドル相当のギフト・カードが教育系NPO「ドナーズチューズ」上に登録している先生達に、4万件に達すると全米約1000人の選ばれた先生にオフィス用品販売大手「オフィス・マックス (Office Max)」から1000ドル相当の文房具が、そして5万件に達すると、別のNPO「ファーストブック」から25万冊の本が全米の教室に寄付されるのです。どのようにしてこのようなプロモーションが可能になったのでしょうか？

寄付という話題性を応用

　まずこの映画の製作会社である「パーティシパント・メディア (Participant Media)」の社会的課題解決に対する一貫した姿勢が、多くのスポンサー企業、NPOを惹きつけています。この会社は2004年にインターネットオークションサイトeBayの初代社長、ジ

ェフ・スコール（Jeff Skoll）氏が私財を投じて設立した会社です。過去の作品には『不都合な真実』の他に日本での上映を巡って話題になったイルカ漁を告発する『ザ・コーヴ』、核廃絶を訴える『カウントダウンZERO』等があります。

　アメリカ国内でも深刻な教育問題を取り上げることで、企業である「オフィス・マックス」にしてみれば企業ブランドのイメージアップを図り、文房具を購入してくれる大切な顧客である教師、子供たちにポジティブなメッセージを伝えることが出来ます。

　またそれぞれ卓越したNPOとして知られる「ドナーズチューズ」「ファースト・ブック」からの寄付というのは、実はそれぞれのサイトを通じて寄せられる個人・法人からの寄付によって成り立っています。こうした話題の作品に対してのパートナーシップを得ることで、より効率的に寄付参加者を募ることが可能になります。

　映画作品というひとつのメディアをきっかけに共感が伝播し、そしてそこから発生する「人、モノ、お金」の循環は今後も様々な形で生み出されることと思います。

世界初、学費無料のオンライン大学

　2010年8月、カリフォルニア州で開催された国際会議において、マイクロソフト会長ビル・ゲイツ氏は衝撃的な発言をしました。「5年以内に、最高の教育は大学でではなく、オンライン上において無料で提供されるだろう」

　彼が問題視していたのは、アメリカの私立大学の学費が高騰し、高等教育の機会均等が経済格差によって保てなくなりつつある現状、そして教科書等も非常にぶ厚いものになっている非効率さでした。

　ゲイツ氏が描く教育の未来像を考える際、2009年9月に開講した世界で初めての学費無料のオンライン大学、「ユニバーシティー・オブ・ザ・ピープル（University of the People、略してUoPeople）」は、来るべき未来を予感させる試みと言えます（写真1）。

「ユニバーシティー・オブ・ザ・ピープル」

　同大学は、地球上のあらゆる人、特に途上国の恵まれない人々に対し、所得、居住地域、人種、年齢、性別等にとらわれることなく、高等教育へのアクセスを提供することをミッションとしています。

　創業者であり学長でもあるシャイ・レシェフ（Shai Reshef）氏は教育ビジネスで20年の実績を持つ億万長者の企業家で、私財から100万ドルを投じ、国連機関である「グローバル・アライアンス・フォー・ICT&ディベロップメント、略してGAID」の支援をとり

つけ、2009年1月、事業開始にこぎつけました。

　学費の無料化を実現できたのは、オープンソースのテクノロジー、OpenCourseWare（OCW：オープンコースウェア）と呼ばれる既存大学の公開講義コンテンツを用い、オンライン上で相互に学び合うしくみを導入しているからです。また著名大学の教授、大学院生等、約800名ものボランティア・インストラクターにも支えられています。

　授業料は無料ですが、入学登録費用に10〜50ドル、単位取得のための試験費用に各10〜100ドルの費用が、出身または居住国の経済状況に応じて必要とされ、運営費用に充てられます。先進国出身者の場合、卒業までに約40回の試験を受けるため、約4000ドルの費用が必要となる計算です。

　大学経営を持続可能にするには合計で1万〜1万5000人の生徒を受け入れる必要があるとされています。また一方で、事業主体は非営利団体のため、個人や篤志家からの寄付も収益源のひとつとして運営がなされています。

入学条件には高校の卒業証明、授業を受けるに足る英語力、そしてエッセイの提出が課されており、2011年末の段階で途上国を含む120ヵ国から1200人もの学生が入学しています。生徒の年齢も18歳から70歳代まで幅広く、多様なバックグラウンドを持った学生同士で学びあうことが可能になっています。

教育の機会均等化へ

正規の学位授与を提供するライセンスの認可は下りていないのですが、いずれ許可されれば、2年制と4年制の正式な学位授与が可能な大学となります。

現在はコンピュータサイエンスと経営学の2つのプログラムのみが提供されています。ひとつのクラスの期間は10週間、オンライン上の教材を読み、課題を提出、そして約20名で構成されるクラスメートがウェブ上に提出した課題にお互いにコメントをすることで学びを深めていくしくみです。

インターネット接続の環境格差も考慮し、動画やオーディオは用いず、テキストに基づいた教材を採用しています。

イェール大学のオンライン教育に関するリサーチ・センターとの提携、またハーバード大学、ニューヨーク大学、コロンビア大学等の伝統ある大学からの教授陣のアドバイザー参画も徐々に進みつつあります。

2010年7月には途上国に約2600ものコンピュータ・ラボを有する非営利団体、ワールド・コンピュータ・エクスチェンジ（WCE）との提携も実現させ、コンピュータにアクセスが困難な地域からの学生を増やすことにも積極的に取り組んでいます。

教師と生徒が向かい合う対面の教育の価値は、今後なくなることはないと思います。ただ一方で、教育の民主化、機会の均等化という点において、非営利団体により運営され、システム、教材、生徒

のコミュニティ運営もオープンソースの思想に基づいているUoPeopleの試みは、注目に値するといえます。

　ゲイツ氏が描く教育の未来、大胆にすら聞こえる発言をどう受け止めるか、教育に携わる全ての人に問いかけられています。

教室2.0〜教師と生徒の安全な教育系SNS

「教室で行われた授業内容について、学生同士にオンライン上でディスカッションをさせる方法をご存知ですか？（但しプライベートな情報が混在してしまう可能性があるフェイスブック以外のツールで）」

上記のような問いを解決する為、2008年にサービスを開始した教師と生徒の為のソーシャルネットワーキングサイト「エドモド（www.edmodo.com）」の利用が急速に拡大しています（写真1）。2011年2月までの登録者数約150万人から2012年5月の段階で約720万人と5倍近くに増加し、8万を超える学校で利用されています。ちなみに、エドモドは現在英語、スペイン語、ポルトガル語、ドイツ語、ギリシャ語、フランス語に対応していますが日本語対応はまだありません（入力は可能です）。

教師の味方「エドモド」

創立者のニック・ボルグ（Nic Borg）氏とジェフ・オハラ（Jeff O'Hara）氏はかつてイリノイ州にある公立学校のIT部門の職員として勤務していた際、生徒がアクセス出来ないようSNSサイトや動画共有サイトをブロックしていて、「せっかくのテクノロジーの進化を享受できてないことは何かおかしい」と思い、仕事を続けながら週末と夜に自宅の地下室でソフトウェアを開発しました。

教師のニーズを何度も聞きながら、教師が使わされるのではなく、使いたいと思えるようなサービスを開発した結果、現在のフェ

イスブックによく似た、教師によりコントロールされた教育系SNSが生まれたのです。安全な環境で生徒にアサインメントを課したり、ディスカッションをさせたり、ドキュメントや映像等をライブラリーとして共有したり、採点結果を通知することが可能です。

教師は無料でアカウントを作成することが出来、自分の授業のグループを作成した上で生徒に特定のコードを送付し、授業の内容に特化したコミュニティをつくることができます。生徒の親を招待することも可能で、また世界中の他の教師と教育方法について情報を交換することも可能です。

iPhoneアプリやアンドロイド版アプリ、そしてiPadアプリも既にリリースされており、教師や生徒がどこに居ても学習出来る環境が整っています。新しい機能としては優秀な成績を取ったり、授業を休まなかった生徒に対してバッジを与えたりする等、ゲーミフィケーション（ゲーム化）の要素を取り入れ、学生に学ぶことを楽しみながら取り組んでもらう工夫も取り入れられています。

教師はオンライン上で、例えば「カーン・アカデミー (Khan

Academy)」というユーチューブを利用した3000以上もの無料教育コンテンツを共有することも可能ですし、人気のある「TED」というサイトを通じて、世界中の著名なイノベーターによる1万を超えるプレゼンテーション動画を多言語でクラスメートと共有・視聴することもできるのです。

なお、クラスで必要な書籍、実験道具、文房具等が資金不足で購入することが難しい時には、教育系クラウド・ファンディングサービス分野で著名な「ドナーズチューズ」（Finance01参照）とも提携しており、寄付を募ることもできます。

既に「エドモド」は教育関連に特化したベンチャーキャピタル（VC）のラーン・キャピタルや、ツイッター、フォースクエア、ジンガ等への出資で著名VCであるユニオン・スクエア・ベンチャーズ他、グレイロック・パートナーズ、ベンチマーク・キャピタルから計1500万ドル（約12億円）の出資を受けており、今後の展開がますます期待されています。

ビジネスプロフェッショナルの為のSNS、リンクトインの創業者、リード・ホフマン氏はある講演でこう言っています。
「もしフェイスブックがソーシャル・グラフ（繋がり）を提供するSNSなら、リンクトインがプロフェッショナル・グラフを、そしてエドモドは教育グラフを提供している」

ホフマン氏はテクノロジーによる教育分野でのイノベーションにはとても大きな可能性があると指摘していますが、エドモド、そしてその他の教育系のスタートアップの近年の成長の様子を見るにつけ、日本でもこの分野の将来の可能性を強く感じます。

241

誰もが先生に、生徒になれる「スキルシェア」

何か新しいことを学んでみたい、と考えることは、人間として当然の欲求ともいえます。

例えば「ウクレレの弾き方」、あるいは「カップケーキの作り方」、「デジタル一眼レフカメラの使い方」、「簿記」、「起業」、「英会話」に「中国語」、そして「プログラミング」に「ソーシャルメディアの使い方」等、いつか何かを学んでみたい、と思っている方は多いかもしれません。

一方で、「実は以前から情熱を持って取り組んでいたことを自分の周囲の人に教えてみたい」と考えている人もいるかもしれません。

そんなニーズに応えるニューヨーク発のオンライン・コミュニティ・プラットフォームサイト、「スキルシェア（www.skillshare.com）」というサービスが話題になっています（写真1）。

学びのオンライン・プラットフォーム

「スキルシェア」は2011年4月に正式にスタートしたサービスです。学びに関するオンライン・プラットフォームを活用することで、実際の「オフライン」の学習の機会を誰にでも提供することを可能にしたスタートアップ・ベンチャーです。

教育とIT、そしてソーシャルメディアというテーマに関しては2003年にMIT（マサチューセッツ工科大学）でスタートして各大学に広がっている「オープン・コースウェア」、そして3000以上もの無料ビデオ教育コンテンツを提供する「カーン・アカデミー」、そ

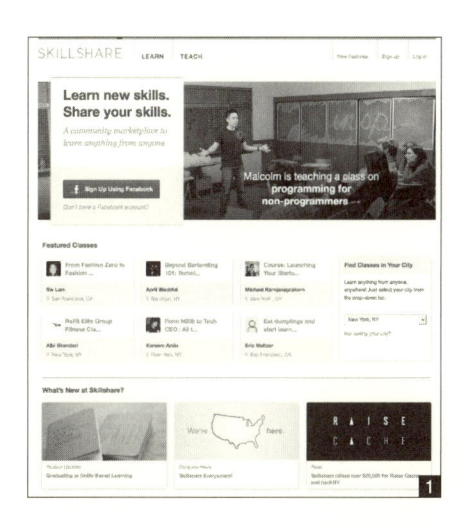

してオンライン上で誰もが先生や生徒になれる「ユーデミー(Udemy)」等、オンライン上の学習の機会を広く提供するサービスは昨今数多く生まれています。

スキルシェアが画期的なのは、オンラインで様々な学びの機会を検索したり、先生のオンライン上での評判やSNS上でのつながりを閲覧したりした上で、学びの場所は地域にある実際の教室で行われる点です。しかも1対1ではなく複数のコミュニティとして受講することが決まりとなっています。

提供されているコースのカテゴリーは、大きく分けて「クリエイティブ・アート」「お料理」「起業」「ライフスタイル」「テクノロジー」の5つに分かれており、中でも人気のある授業は、インターネットベンチャー起業家による「どのようにして最初のユーザー100万人を獲得するか」や、「初心者のためのウェブ・プログラミング」で、その他にも「ワイン・テイスティング」等の講座があります。

当初ニューヨークだけでスタートしたサービスも、その後全米で利用が可能になり、一部米国以外の海外主要都市での利用も始まっ

ています (2012年5月時点では日本でのサービスは提供されていません)。

2011年8月の時点で600人が先生として登録されていましたが、2011年12月時点の登録生徒数はウェブメディア「The Next Web」の記事によると、ニューヨーク大学の学生数（約4万3000人）より多いそうです。また、サービス開始以来、1万5000時間以上の授業が既に実施されています。授業料の平均は約20ドルで、人気授業となると、一晩で1000ドルもの収益を上げる先生も登場しています。

持続可能なビジネスモデル

スキルシェアは講座の売り上げの15％を手数料として得ることでビジネスとしても持続可能なしくみを目指しており、そのビジネスモデルと市場の成長期待に対し、既にサービス開始4ヵ月後には合計365万ドル（約2億9000万円）のベンチャーキャピタルからの出資を獲得しています。

同じくニューヨークを拠点にしてグローバル展開をしているローカル・イベント運営支援サービスのミートアップ社創業者、スコット・ハイファマン氏もエンジェル投資家として出資者に名を連ねています。ベンチャーキャピタルからは著名VCのユニオン・スクエア・ベンチャーズやスパーク・キャピタルの支援を得ていることで、ニューヨークのスタートアップ業界の中でも急速に注目が集まりつつあります。

共同創業者でCEOのマイケル・カーンジャナプラコーン（Michael Karnjanaprakorn）氏は、かつてフェイスブックに買収されたソーシャルメディアサービスの会社での勤務経験があり、ポーカーのワールドチャンピオン大会に以前出場した際に、友人からそのスキルを教えてほしいと多くの申し出を受けたことが起業のヒントにな

っていると語っています。

　さて、日本においてこうした「学び2.0」と呼ばれる気運はどのように進化していくのでしょうか？　例えばリクルートが運営する教えたい人と学びたい人をマッチングするサービス「おしえるまなべる」には現在7000人超の先生が登録されており、2011年6月にスタートしたプライベートコーチのマッチングサービス「Cyta.jp」には、選抜された講師が1200人以上登録されていて、オンラインからオフラインへのオープンな学びのコミュニティの可能性を示しています。

　ツイッターやフェイスブックのソーシャルメディアツールの進化と共に、今後さらに才能やスキルを持った個人が立つ時代がやってきます。また、一人で出来ないことをみんなでやる、同じテーマに対して情熱を共有するというようなコミュニティとしての学びの機会の可能性は、ますます広がってくるでしょう。

　特に国内においてまだまだ学びの機会が少ないように思える「ソーシャルメディアの活用法」に関しては、スキルシェアに見られるような学びのプラットフォームを利用することで、全国各地で、学びのコミュニティが生まれる余地が大いにあるのではないかと考えます。

有名大学の学位を
オンラインで取得

　2012年の新しいソーシャルビジネスを占う上で注目に値するキーワードとして「エドテック」(Edtech) があります。エドテックとはその名の通り、教育とテクノロジーを融合させ新しいイノベーションを起こすビジネス領域を指します。

　背景にあるものとしては、ブロードバンド環境やタブレットコンピューター等のデバイスの進化、そして何より近年爆発的に利用が広がっているソーシャルメディアの影響力が、今までテクノロジーの導入が「遅れている」と見なされていた教育業界にも押し寄せてきたことが挙げられます。エドテックに特化したベンチャーキャピタル関連の国際会議や専門メディアサイト「エドサージ(EdSurge)」等の登場もこうしたトレンドを裏付けるものといえます。

　ここでご紹介する「チューター (www.2tor.com)」は、盛り上がりつつある「エドテック」関連スタートアップの中で、史上最高額のベンチャー投資9100万ドル（約73億円）を受けている注目の企業です（写真1）。どのようなビジネスモデルなのか、見ていきましょう。

「Great Universities Unleashed」

　「Great Universities Unleashed（偉大な大学が解き放たれた）」というキャッチコピーを持つチューター (2tor) が提供するサービスのユニークなポイントは、難易度の高い有名大学の学位認定プログラムを、史上初めてオンラインで提供することに成功して

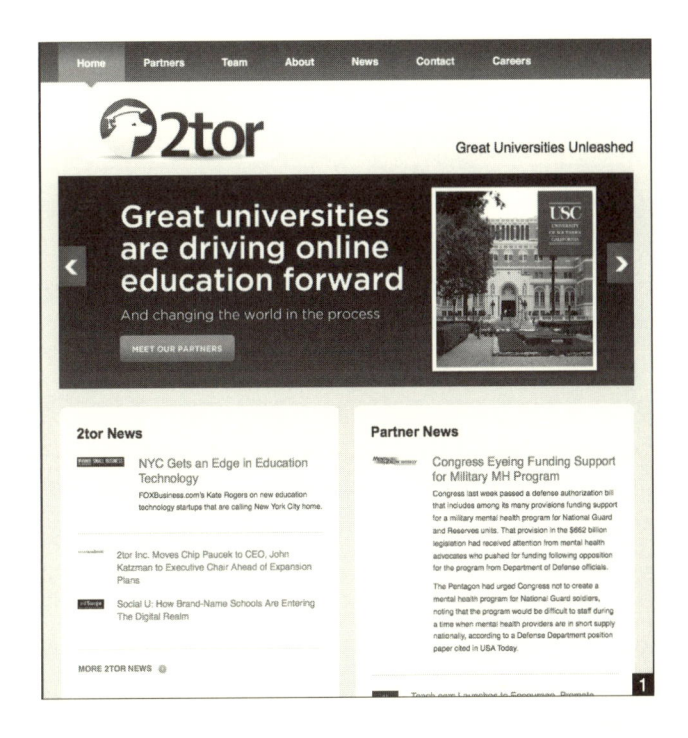

いる点です。

具体的には2torが時間をかけて最適と思われるパートナーを慎重に選び、その大学の既存の教育プログラムを、その質を落とさないように、またオンラインの特徴を活かした相互学習等を取り入れ、優れたものとしてデジタル化します。2torはその過程で必要とされるテクノロジー、運用ノウハウの提供、学生マーケティング支援、そして初期導入のための資金、1000万〜1500万ドル（約8億〜12億円）を提供し、学生からの授業料の収益を大学と分配するというしくみです。

2009年に初めてプログラムを導入したUSC（南カリフォルニア大学）の教育学修士課程（MAT＝Master of Arts in Teaching

@USC)の場合を見てみましょう。学生は質の高い講義をオンラインで視聴することが可能で、ビデオチャットを利用して他の学生や教授と画面を通じて顔を合わせながらディスカッションをしたり、プレゼンテーション資料を参照したりすることができます。フェイスブックのようなクラス専用のSNSを通じて授業終了後でもディスカッションしたり、課題を提出したりすることができます。授業内容に関して教授に1対1で質問することも、全てウェブ、iPad、そしてiPhone等のデバイスを使って、どこででも学習することができるのです。

　2011年春には初めての卒業生500名を出し、2012年度は約2000名もの学生が、全米43州、そして25の国（日本、韓国、トルコ等）から受講しているとのことです。オンラインプログラム導入前は毎年卒業生の数が約100名程度だったことを考えると、目を見張るスピードで規模が拡大していることが分かります。また南カリフォルニア大学はソーシャルワークの大学院でも導入を始め、今では約1000名の学生が受講しています。

　オンラインのプログラムだからといって生徒の質が下がらないよう、成績上位者から選りすぐった学生のみを入学させ、また学費もオンキャンパスプログラムの学費と変わらない水準であることが、従来のオンライン大学に対するイメージと異なる点と言えます。受講生は2torの卒業生ではなく、正式な、歴史のある南カリフォルニア大学の卒業生として認められるところも、今までにはないユニークな特徴です。

　2torの実績とプログラムに対する関心は少しずつプログラム導入の拡大へと繋がり、更にノースキャロライナ大学のMBAプログラムと行政学大学院、ジョージタウン大学の看護学の大学院、ワシントン大学セントルイス校法科大学院も導入を決めました。

　今後も例えば公衆衛生学、エンジニアリング、公共政策、コンピューターサイエンス、そして学部プログラムも含め、2013年の終わ

りまでに7〜10のパートナープログラムをスタートさせると、現CEOのチップ・ポーセック（Chip Paucek）氏は希望を語っています。

エドテックの未来

2torは大学予備校大手プリンストン・レビュー創業者でありCEOとして25年間の経営の経験を持つジョン・カッツマン（John Katzman）氏が、2008年始めに数名の仲間と始めたベンチャースタートアップです。高騰が続く大学の教育費、進化するテクノロジー、そしてよりグローバルで多様性を持った学習環境の必要性等を背景に、プリンストン・レビューを去り、創業を決めたのです。同社は、2012年2月時点で約370人もの従業員を雇い、3500人もの学生がプログラムに参加するまでに成長し、パートナー大学の拠点地域、そして香港にもオフィスを開設するほど、急成長を遂げています。

オンライン教育では代替できない、教授との密なコミュニケーション、そして学生同士が共同生活を送りながら得られる仲間意識や成長、卒業後も広がるネットワークの重要性を重んじる人も世の中にはまだまだ多くいるでしょう。実際、ノースキャロライナ大学のMBAプログラムの初年度の履修学生数は19名で、リスクを指摘するメディアでの意見もあることは事実です。

一方で、ソーシャルメディアが日々進化を遂げ、場所や空間の制約を受けないコミュニケーションになんの抵抗も感じない世代がこれから増加するにつけ、世界中の多様なクラスメートと最先端の教育プログラムに触れる機会、そして有名大学の学位が得られる2torの取り組みは、生き残りにしのぎを削る大学からの注目を浴びることになるのではないかと思います。

デジタル時代の
問題解決型教育プログラムの試み

「身の回りで起きている社会的な問題を見つけ、必要な調査をした上でクラスメートと具体的なビジネスモデルを構築し、実際にスマートフォン・アプリを開発するような教育プログラムがあったら……」

これはMBAの授業での話ではありません。イギリスで2010年に実験的に始まった教育プログラム「アップス・フォー・グッド（Apps for Good）」（www.appsforgood.org）では、初年度に2つのプログラムを失業中の若者（16～25歳）グループと女子中学校で実験的に提供し、その後2011年度には40もの中学校や高校がこのプログラムを導入して、これまでに約1250人もの若者に、上記のような新しい形の教育プログラムに触れる機会を提供しました（写真1）。その大きな反響を受け、2012年の9月には200校にまで規模を広げるような試みが、現実に起きているのです。

大手PCメーカーのデル社が主要なスポンサーとなり、その他にもイギリスの携帯電話サービス会社O2、情報サービス会社のトムソン・ロイター社、広告会社オグルヴィ社等の支援を受けています。その支援とは金銭的な支援だけでなく、時に従業員の知識や経験の提供を受けるという形で、テクノロジーと教育を融合させた新しい実験プログラムを推進しています。

2012年5月からはフェイスブックと提携した2回目のパイロット・プログラムが実施予定で、現在職業についていないロンドン在住の若者（16～25歳）であれば、10週間（週4日受講）の問題解決型職業訓練プログラムに参加し、その過程でフェイスブック・ア

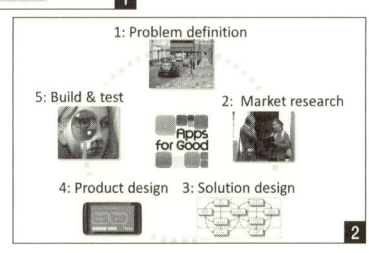

プリ開発について学ぶことが出来る、という内容です。
　このプログラムでは社会問題解決のためのフェイスブック・アプリのデザイン設計から、アプリ開発に必要とされる開発言語であるHTML5、PHP、SQL等を無料で習得することが可能です。優れたアプリを作成したチームは、フェイスブックのロンドン・オフィスにおいてプレゼンテーションする機会等も得られます。

生徒たち主体のプログラム作り

　「アップス・フォー・グッド」の典型的なプログラムは、通常50時間から70時間程のカリキュラムで構成されていて、学校のIT関連の授業か課外授業の時間枠に取り入れられ、パートナー契約を結んだ学校の教師が事前に研修を受け、指導にあたります。
　協力企業や世界中のプロボノ・ボランティア登録者も必要に応じて技術的な支援を、オンライン経由や実際に教室の授業サポートを通じ提供するしくみになっています。また、オンラインのコミュニ

ティを通じて、カリキュラムや、指導法についてのノウハウも広く共有されているところが特徴です。

　このプログラムのユニークな点は単に一方的な講義型の授業を行うのではなく、生徒たち自らが日常生活で問題だと思っている具体的な課題を見つけ出し、他の学生とグループになってマーケティングリサーチやビジネスモデルの検証をした上で、スマートフォン・アプリの開発を行い、プロトタイプを実際に創り上げるところにあります。

　主要なステップは5つのカテゴリーに分類されます（写真2）。
【1】問題・課題の発見、定義づけ
【2】マーケティング調査
【3】解決策のデザイン
【4】プロダクトデザイン
【5】アプリ開発、テスト

　単なるITの授業ではなく、課題解決の方法をチームでの協業を通じて見つけ出し、その上で若者世代にとって馴染み深いスマートフォン上で稼働するアプリケーション開発を実際に体験させるところがポイントです。

　今まで学生や若者が開発したアプリの中には、いじめの被害にあった際、同じような経験をした人からアドバイスを受けたり、ホットラインに直接電話をかけたりすることができる「サイバー・メンター（CyberMentors）」があります。

　その他には警察の尋問にあった際に知っておくべき情報を得たり、悩み相談もできるアプリ「Stop & Search」、ベンガル語を話す人々と学校の先生や医師との簡単な会話を可能にする翻訳アプリ「Transit」、地下鉄カード（oyster）の残高を簡単にチェックできる「Oyster Check」等、様々なものが既に生み出されています。

　2012年には数多くのスポンサー企業が参加する形で「アップス・フォー・グッド・アワード」というコンテストが開催される予定に

なっています。学習支援、時間管理、コミュニティ構築、交通・移動、お金の管理、情報活用、健康、創造性開発等のカテゴリーに対し、デル、ブラックベリー、バークレイカード、トムソン・ロイター、オミディアー・ネットワーク等の世界的なIT系企業や財団がスポンサーとして支援をしています。

こうした背景には、もちろんIT企業の教育支援、雇用問題への対策というCSR的な面もありながらも、一方で、デジタルネイティブ世代のニーズをいち早く摑み、将来の優秀な技術者を確保したいという狙いもあることは容易に想像できます。

CDIヨーロッパが拓いた新境地

なお、「アップス・フォー・グッド」の母体となっている「CDIヨーロッパ」とは、貧困地域のデジタル・デバイド(インターネットの利用格差)解消を目指す世界的な非営利団体CDI (Center for Digital Inclusion：本部ブラジル) (www.cdiglobal.org) の英国での拠点です。

CDIは1995年にロドリゴ・バッジョ (Rodrigo Baggio) 氏により設立され、現在世界13ヵ国で800以上のコミュニティセンターを運営し、1億3000万人以上に対してインターネットのアクセスを通じた自立支援の機会を提供してきた実績を持っていることも、各方面から信頼を得ることに繋がっています。

2011年夏の時点で既に100以上の英国の学校がウェイティング・リストの状態で興味を示していた「アップス・フォー・グッド」には、その他にもフィリピン、タイ、デンマーク、ドイツ、フランス、アメリカ、シンガポール、ナイジェリア等の海外の国からも問い合わせが多く寄せられているということです。

病院における
ソーシャルメディア活用最前線

「メイヨー・クリニック（Mayo Clinic）」というアメリカのミネソタ州にある総合病院の名前は、医療関係者、あるいは海外の医療事情に関心のある人以外、日本ではあまり馴染みがないかもしれません（写真1）。

『U.S.ニュース＆ワールド・レポート』誌の2011〜2012年度版病院ランキングで3位に選ばれているこの病院は、近年急速にソーシャルメディア活用に力を入れており、病院経営、そして医師と患者さんのコミュニケーションのあり方に大きなイノベーションを起こしつつあります。そのメイヨー・クリニックの興味深い取り組みをご紹介します。

広まりつつある病院でのソーシャルメディア活用

そもそもアメリカの病院で、ソーシャルメディアはどのくらいの規模でどのような目的で使われているのでしょうか。

アメリカの病院におけるソーシャルメディア活用を詳細にレポートしているブログ『ファウンド・イン・キッシュ(Found In Cache)』によると、2011年10月の時点で1229もの病院が何らかのソーシャルメディアのアカウントを有しており、フェイスブックページを運営している病院は1068、その他のツールはそれぞれツイッターが814、ユーチューブが575、ブログが149という状況で、ソーシャルメディアの利用数が増える中、圧倒的にフェイスブックの人気が高いことが分かります。

目的としては「患者からの質問などに対して病院職員が回答」「病気に関する相談と病院職員からの情報提供」「病気に関する情報提供（動画による解説）」「職員採用情報の掲示」といった一般的なものの他、コミュニケーションの手段としてその利用範囲は広がりを見せているようです。

「センター・フォー・ソーシャル・メディア」の設立

　メイヨー・クリニックが特徴的なのは、早い段階から積極的にソーシャルメディアを活用している点です。2006年から2008年にかけてフェイスブック、ユーチューブ、ツイッターを次々にスタートさせ、病院としては異例の積極的活用で評価が高まり、2010年には病院としては珍しい「センター・フォー・ソーシャル・メディア」の設立に至りました。15名以上のスタッフを擁する同センターは、様々なツールを駆使して医師、患者さん、病院スタッフ達とのコミュニケーション活性化に取り組んでいます。

　2012年5月時点でメイヨー・クリニックのツイッターのフォロワーは約35万人、フェイスブックで「いいね」をしている人は約9万

5000人、そしてユーチューブにはほぼ毎日何らかの動画コンテンツがアップされ、今までにアップされた2000以上の動画は延べ約700万回もの視聴がされるほど、医療業界の中で圧倒的な知名度をもたらすことに貢献しています（写真2）。

「センター・フォー・ソーシャル・メディア」には外部専門家であるアドバイザーが30名程名を連ねています。その中には他の医療機関のソーシャルメディア責任者、医師、コンサルタント等が含まれています。ひとつの総合病院の試みにこれだけ多様な専門家が協力し、同サイトのブログにも彼らによる最新の情報がコンテンツとして掲載されている姿は、医療業界におけるイノベーションを進めようとする意思が強く感じられます。

業界リーダーとしての様々な取り組み

メイヨー・クリニックのその他の試みとしては、2011年7月にリリースされたヘルスケアのテーマに特化したソーシャルネットワーキングサービス「メイヨー・クリニック・オンライン・ヘルス・コミュニティ」があります。「Connect with others who're been there.（既にその体験をした人と繋がろう）」というキャッチコピーで始められたSNSサイトでは、疾患別の治療法や体験談の共有が可能で、フェイスブック等の既存のサービスではないものでヘルスケアのテーマに特化したコミュニティとして、今後の成長が期待されています。年間に50万人の患者さんが、全米そして世界約150ヵ国から訪れるメイヨー・クリニックならではの、業界初の試みと言われています。

もうひとつの注目の試みは、2011年10月にメイヨー・クリニックで開催された会議「ソーシャル・メディア・サミット」、そしてその直後に開催された2日間の実践研修「ソーシャル・メディア・レジデンシー」です。

医療分野のソーシャルメディア専門家による講演とワークショップからなるこの会議には、前回開催時の2倍の375名超が参加し、医師、患者さん、医療プロフェッショナルの間での関心の高さがうかがえます。会議の直後に行われた研修では、各種ソーシャルメディアの使い方の講習、実践トレーニングが行われ、参加した約80名は業界のベストプラクティスを学び、それぞれの地域の医療機関の現場にこうしたノウハウを持ち帰ったのです。

　約150年の歴史を持つメイヨー・クリニックの創業以来のミッションは、「統合的な医療活動、教育、研究を通じて、全ての患者に最善の治療を提供することで希望をもたらし、健康と幸福に貢献する」と掲げられています。

　昔から変わらぬミッションの実現の道具として、メイヨー・クリニックにおけるソーシャルメディアの活用、実験は、医療関係者ならずとも目が離せない取り組みを多く繰り広げています。

　ソーシャルメディアのツールが広告や自社サービスの告知のための道具ではなく、顧客や患者、そして生活者とのコミュニケーション（エンゲージメント）の道具として期待が高まる中、病院や医療プロフェッショナルにとっての新しいツールや活用法に、日本でも大きな注目が集まるはずです。

「慈善」と「投資」の間にあるもの

　途上国の貧困問題、世界的な環境問題を解決するために資金を必要とする社会起業家、そして寄付ではなく投資としてこうした事業家を支援しようとする投資家が出会う会議、「ソーシャル・キャピタル・マーケット・カンファレンス」（SOCAP：ソーキャップ）が、2010年10月の3日間、サンフランシスコで開催されました（写真1）。

社会的投資に関する会議「SOCAP（ソーキャップ）」

　サンフランシスコに拠点を置くベンチャーキャピタル会社「グッド・キャピタル」が「お金と意義の出会う場所」というキャッチフレーズで主催する「SOCAP」には、世界35ヵ国以上から約1200名が集い、まだ黎明期にあるこの「社会的投資」というコンセプトの定義や、それぞれの取り組みについて、活発な議論が行われました。

　参加者のバックグラウンドは、社会イノベーションに強い関心を持つベンチャーキャピタリスト、社会的投資関連の金融プロフェッショナル、そして社会起業家、NPOや財団関係者、中間支援団体、政府関係者、メディア、アカデミー、と実に幅広い層からなるところが特徴です。1960年代のアメリカでの社会現象にならい「社会起業家のウッドストック」と称された程、非常にオープンで熱気溢れる3日間でした。

　「SOCAP」第1回の会議がリーマンショック直後の2008年秋に開

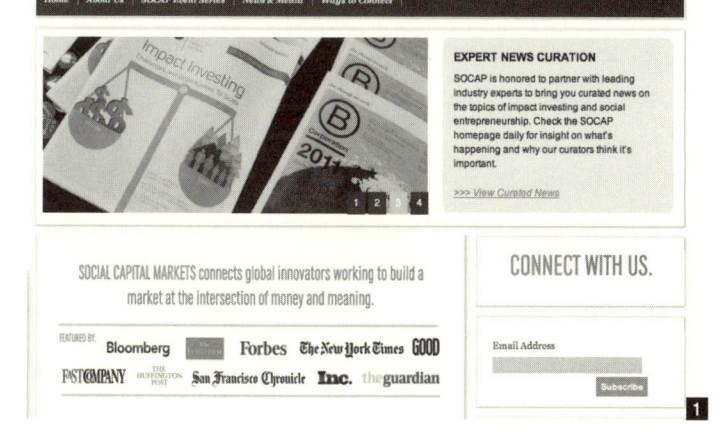

催された際には、社会的な意義を求め始めていたウォール街の金融関係者、一部のベンチャーキャピタリスト、社会起業家が出会う場所として、規模も600人弱で始まった会議でした。

それがその後ビル＆メリンダ・ゲイツ財団、ロックフェラー財団、社会的責任投資ファンド大手のカルバート財団、国務省、USAID（米国国際開発庁）、世界銀行等、幅広い参加者が集い、社会イノベーションのための方策を模索し、事業評価、そして投資評価基準等を作成しようと、熱い議論が至るところで行われる場所となったのです。

2010年の会議の構成は、主に「社会的投資」を巡るテーマに関した、参加者全員を対象にしたキーノートスピーチ、その他各参加者

の興味に応じた8つのテーマが設けられ、合計70以上もの分科会が行われました（各分科会の具体的テーマは「評価基準とシステム思考」「エンブレイス・ディスラプション〈崩壊の中で変容するメディアのあり方〉」「インパクト投資」「戦略的フィランソロピー」「モバイル・テクノロジー」「食料システム」「国際的開発分野におけるイノベーション」「新しいお金」）。

　会議冒頭のキーノートスピーチでは、社会的投資ファンド「アキュメン・ファンド」CEO、ジャクリーン・ノヴォグラッツ氏が登壇しました。

　彼女の自伝の翻訳書『ブルー・セーター』（英治出版）は日本でも出版されており、世界的に著名な社会的投資分野のリーダーの一人です。

　ノヴォグラッツ氏は、アフリカ、インド等で貧困層の生活改善に役立つビジネスをしている事業家を探し、事業拡大を後押しする投資を「ペイシャント・キャピタル」（寛容な資本）と呼び、短期的な金銭的リターンを求めず、社会的、かつ長期的に持続可能なリターンを求めるこの手法の必要性と重要性を、強く参加者に訴えかけました。

　ノヴォグラッツ氏はまた、投資先の事業による社会的インパクトを客観的データで示すことの必要性にも触れ、グーグル、セールスフォースらのIT企業と共同で開発したオンラインツール「パルス（PULSE）」を紹介し、財務、オペレーション、社会的インパクト等の指標を一定の基準のもとに投資家に見せることが可能な環境が整いつつあることを示しました。

　スピーチの最後には「我々一人ひとりが懸命に自分たちの組織作りをしている一方で、この新しい社会的投資という『セクター』を皆で創り出しているのです」と述べ、参加者をおおいに鼓舞しました。

　その他の基調講演としては、マイクロファイナンスをインターネ

ットを介して行うNPO機関「キヴァ（Kiva）」の創業者マット・フラナリー氏が登壇しました。「Kiva」とは、スワヒリ語で"絆"を意味し、キヴァのサイトにアクセスすることで、一人一口25ドルから途上国の起業家に小口融資することを可能にするサービスです。

キヴァは2005年の創業以来、2012年5月の時点で約3億1000万ドル（約250億円）以上の融資が約77万人から集められ、78万人以上の途上国の融資希望者の手に渡り、貧困地域の人々の生活に役立てられています。

フラナリー氏は、同サービスを立ち上げた際、キヴァがチャリティなのかビジネスなのか、理解を得るのに苦労したエピソードを語り、法規制に配慮し、辛抱強く理解を得られるよう努力し、今日の成長に繋がったことを話しました。

また、インターネットを利用することで、一人の個人による寄付や融資の活動が多くの人に受け入れられていることを賞賛し、今後ますます拡がるオンライン・マイクロファイナンスの可能性を示唆しました。

加速の兆候を見せる社会的投資

会議開催中、社会・環境的投資の評価機関により組織され、全25社からなる「社会的投資ファンド」が発表されたことも、この新しいセクターの大きな前進として受け止められました。

「ギアーズ（GIIRS）・パイオニア・ファンド」は、社会的投資分野におけるムーディーズ、スタンダード・アンド・プアーズ（S&P）等のような格付け機関として知られる「グローバル・インパクト・インベストメント・レイティング・システム（ギアーズ）」により発表されました。

このファンドには、アキュメン・ファンド、グッド・キャピタル等既に実績のある業界の著名ファンドが含まれており、それらをひ

とつの大きなファンドとして括ることで、預かり資産額が合計12億ドルの規模に達することになったのです。

「ギアーズ・パイオニアー・ファンド」は設立直後から、欧米・途上国含め30ヵ国に存在する、200以上の社会的事業家に投資するという規模を誇ることになり、共通の評価基準、開示基準等を持つことで、より広範な出資を目指すことが期待されました。

途上国では現在モバイルを活用した医療、教育、金融サービス事業、あるいは水道整備事業、エネルギーに関連した事業等、急速に発展している企業が多くあります。

こうした企業群に投資することで、債券、株式等の金融商品よりも高い経済的リターンを得られる投資対象となるかもしれないという点も、社会的投資に注目が集まっているもうひとつの理由です。

評価基準の整備、オンラインツールの進化、投資するためのファンド設立の動き等、社会的投資環境は整いつつあります。

「社会的投資」セクターを創る試み

会議に参加して私が感じたことは、会議参加者が、新しいお金の流れである「社会的投資」の重要性を感じ取り、定義すらきちんと存在しない中で、一生懸命に共通言語、スタンダード、ビジネスモデル、仲間を創ろうとする強い積極性でした。

いずれも完璧なものではなく、懐疑的な参加者がいることは否めません。ウォール街が考え出した「新しい金融資本主義」、あるいは「絵に描いた餅」と、この社会的投資を捉える人もいるかもしれません。

一方で、「これぞ世界をよくするための究極の資本のしくみ」と信奉する人もいるかもしれません。今求められていることは、議論に参加しつつ、しっかり本質を見極めていくことなのではないでしょうか。

こうした社会的ミッションを持った事業がより市場原理を活かし、社会に大きな影響を与えるためには、寄付だけに頼らず、事業性のあるビジネスモデルを確立し、規模の大きな投資を呼び込むことが必要になってきています。
　その点でこうした海外で行われている様々な取り組み、議論の流れに注目することは重要ではないかと思います。
　回を重ねるたびに広がりと深さを見せるこの「お金と意義の出会う場所」の議論は、ヨーロッパ（アムステルダム）でも会議が継続して開催されており、大きなムーブメントとなりつつあります。

ソーシャルメディアで
世界の社会課題解決へ

　ソーシャルメディア情報サイトの「マッシャブル」、国連財団、そして「ナインティセカンド・ワイ（92st Y）」（ユダヤ系非営利団体の文化施設・コミュニティセンター）が主催者となり、2010年に初めて開催されたカンファレンス「ソーシャル・グッド・サミット」の第2回が、2011年9月に4日間にわたり、ニューヨークにて行われました（写真1）。

　驚いたのは前回を上回る豪華な講演者が次々と登壇し、イベントには約70人の著名スピーカー、約1600人の会場参加者、そしてオンラインを通じて10万人以上（主催者推定）が動画配信を視聴したと報じられたことです。

　スピーカーには、3名のノーベル平和賞受賞者（南アフリカのアパルトヘイト撤廃運動に貢献したデズモンド・ツツ元大主教、マイクロ・クレジットを行うグラミン銀行創設者ムハマド・ユヌス氏、ホロコーストの生還者で作家のエリ・ヴィーゼル氏）、米大手企業ゼネラル・エレクトリックにおいて自然エネルギー推進のイニシアティブ「エコマジネーション」をリードするチーフ・マーケティング・オフィサー、クリントン国務長官のシニア・アドバイザー、壇上で国連児童基金（ユニセフ）の親善大使に任命されたプロテニス選手のセリーナ・ウィリアムズ選手、俳優のリチャード・ギア氏、その他著名社会起業家、国連機関や国際的NGOのトップ等錚々たるメンバーが並びました。

　設立から6年目のメディアであるマッシャブルが中心となり2回目を迎えるイベントへこれだけのメンバーが集まるというところ

に、貧困問題や経済開発、水や食糧の安全保障、人権、紛争解決等、世界的な課題解決の為に、ソーシャルメディアが無視出来ない手段として期待が集まっていることが分かります。

「気運」から「アクション」へ

イベントを通じて印象深く感じた点は、「ソーシャル・グッド・サミット」の壇上において数多くのアナウンスが行われたことです。国際会議では登壇時間も限られているためまとまった議論を展開することは難しいのですが、スポットライトがあたる舞台を活用することで、多くの団体がその場を新しいキャンペーン、イニシアティブ、ウェブサイトの発表の機会として利用している様子が目立ちま

した。
　ソーシャルメディアを活用することで社会的な課題を解決するという「ソーシャル・グッド」の「気運」はまだまだ新しい現象ですが、投資やキャンペーン等の具体的なアクションが次々と宣言されることで、とても勢いを感じられました。
　例えばアナウンスに次のようなものがありました。
・著名投資家ウォーレン・バフェット氏の孫であるハワード・バフェット氏が運営する財団が500万ドルを投じ「ラーニング・バイ・ギビング財団（Learning by Giving Foundation）」を設立、全米の大学でフィランソロピーの研究・実践を推進。
・設立から5年で世界19ヵ国の途上国において、200万人以上にきれいで安全な水を届けてきた非営利団体の「チャリティー：ウォーター（charity:water）」が新しいキャンペーン、「ダラーズ・トゥー・プロジェクト（Dollars to Projects）」を発表。GPS機能を使用することで、投じた寄付がどこでどのように使われているかを可視化するプロジェクト。同団体に寄せられた今までの寄付の73%がオンライン経由と、ソーシャルメディアを有効活用していることでも知られている団体です。
・USAID（米国国際開発庁）によるアフリカの飢饉、紛争、干魃に対するソーシャルメディアを活用したキャンペーン「フェミン、ウォー、ドラウト（FWD）」。携帯電話からのテキストメッセージを送ることで寄付が可能に。

19歳女性がスタートアップ最優秀賞に

　新しい試みとして、世界的な社会課題を解決するためのスタートアップ企業（団体）を選ぶ、「スタートアップ・フォー・グッド・チャレンジ」というコンテストがありました。
　事前応募の上、選考された8つのスタートアップ企業（団体）が

壇上でそれぞれ5分間のプレゼンテーションを行い、著名投資家、英エコノミスト誌米支局長、国連財団、マッシャブル関係者により最優秀賞が決められるというものです。

最終選考に残ったスタートアップには、Social risk management10で紹介したプロボノ・マッチングサービスの「キャッチアファイヤー」や、細切れの時間を活用するマイクロ・ボランティアを推進する「スパークト」等が含まれていました。

最終的に最優秀賞（賞金1万ドル）を獲得したのは、19歳の女性起業家エデン・フル（Eden Full）氏が開発したソーラーパネルを提供する「サン・サルーター（SunSaluter）」でした。太陽の位置に応じてソーラーパネルが自動的に向きを変え、電気を必要としない画期的な技術です。サン・サルーターはケニアでプロトタイプが1000台稼働しており、サンテックパワー、京セラ等の大手企業とも既にパートナーを結んでいるという実績を誇っています。

何より驚いたことは、フル氏は10歳の時に電気自動車を開発し、既に「業界」経験を9年持っていることです。プリンストン大学入学後に、ベンチャーキャピタリストのピーター・ティエル氏が設立した財団から支援を受け、大学を中退し事業に専念していました。10代のうちから世界を変えるような技術を開発し、投資家、大企業、財団がこのような若者を支援するシステムの存在は驚きでした。

海外での「ソーシャル・グッド」な気運はまだ試行錯誤の連続で、時に「流行」のひとつとして取り上げられていることもあります。ただ、多くの優秀な起業家や国際機関、大企業がこうした気運を契機に連携し、コラボレーションが進んでいることは、将来の大きなうねりに繋がる可能性を感じさせるものでした。

オックスフォード大学発、世界の社会起業家が集うフォーラム

　世界中から社会起業家、社会イノベーションに関わる専門家が集う「スコール・ワールド・フォーラム（The Skoll World Forum on Social Entrepreneurship）」という国際会議が、2011年3月30日から4月1日の3日間、イギリス、オックスフォード大学で開催されました（写真1）。

　「スコール・ワールド・フォーラム」とは、米オークションサイトeBay共同創業者ジェフ・スコール（Jeff Skoll）氏が創設したスコール財団が主催者となり、社会の多様な課題解決に起業家的なアプローチで取り組むことを目指す会議で、2004年より毎年開催されています。

　議論されるテーマは、貧困問題や経済開発、水や食糧の安全保障、災害からの復興支援、途上国における女性のエンパワーメント、紛争解決と平和構築、ソーシャルファイナンス等、多岐にわたります。国、国際機関、多国籍企業、NPO等の既存の枠を超えた解決策を模索し、協業を生み出すためのネットワーキングの機会としても知られています。

　過去のゲスト・スピーカーにはアル・ゴア氏、ムハマド・ユヌス氏、ジミー・カーター氏等が名を連ね、今回のゲスト・スピーカーには、南アフリカのアパルトヘイト撤廃運動に貢献し、1984年にノーベル平和賞を受賞した、デズモンド・ツツ元大主教が参加しました（写真2）。

　今回は、「Large Scale Change–ecosystems, networks and collaborative action（大きなスケールでの変革〜エコシステム、

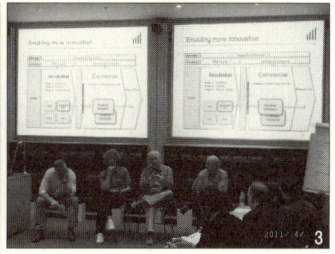

ネットワーク、コラボレーション〈連携〉を伴う行動)」というテーマを掲げ、約800人の参加者が、分科会、ワークショップ、レセプション等を通じ、議論を繰り広げました。

社会変革とオンライン・マス・コラボレーション

　会議全体を通じて強く感じたことは、あらゆる場面でオンラインのコラボレーション（協業）の重要性が指摘され、具体的な事例も数多く紹介されていたことです。

　参加した2つの分科会は、数あるセッションの中でも印象深いものでした。

『Systems Innovation: Breaking Barriers to Large Scale Change（システム・イノベーション：大きなスケールでの変革のために、如何に障壁を壊すか）』という分科会では、Open business05でもご紹介した『OpenIDEO』（オープン・アイデオ）のデザイン・ディレクター、トム・ハルム（Tom Hulme）氏が登壇し、ソーシャルメディアを活用したコラボレーションの重要性、そのための3つの秘訣を指摘しました（写真3）。1つ目は、既に存在する人々の行動様式を理解し、最大限活用すること。2つ目は、対象とする人々が利用しているメディアを見極めた上で規模拡大を行うこと。そして3つ目は、まず早い段階でプロトタイプ（試作品）を作り、フィードバックを募り改善を続ける、というものでした。

その上で、フェイスブックやツイッター等のソーシャルメディアの活用が大きく成功に寄与したと言われるエジプト民主化革命のリーダーの以下の言葉も引用され、多くの人の共感を得るセッションでした。

「誰か一人のヒーローが率いるのではなく、名もなき多くの市民がそれぞれできることをして革命が実現したのです」

そしてもうひとつ、『Clouds, Crowds and Social Change（クラウドコンピューティング、クラウド〈集合知〉、社会変革）』という分科会では、クライシスマッピングサイト『ウシャヒディ』（Social risk management01を参照）のディレクター、パトリック・メイヤー（Patrick Meier）氏が登壇しました。今回の日本での地震発生直後、7時間後に運用開始された「sinsai.info（www.sinsai.info）」の事例も含め、位置情報に基づいた情報の集約・整理が災害救援・復興活動時等に如何に重要な役割を果たしているかが語られました。

中でも印象的だったのは、時々刻々と変化しているリビア情勢を把握するために、国連機関であるOCHA（Office for Coordination of Humanitarian Affairs：国連人道問題調整事務所）が、ウシャ

ヒディに依頼をし、そのプラットフォームサービスを利用している、ということでした。このことは既に国際紛争の現地情勢分析のために、ウシャヒディの提供するサービスが必要不可欠な役割を果たしている、ということを示しています。

コミュニケーション・デザインのしくみ、しかけ

　参加者同士が有機的なコラボレーションを生み出すための配慮・しくみが、オンライン、オフライン含め、あらゆるところにしかけられていることも今回の会議で強く感じた点です。

　参加者専用のソーシャル・ネットワーキング・サイトは会議開催日の約1ヵ月前から利用可能となり、会議に参加する前から事前にコンタクトを取り合うことが可能でした。それぞれのソーシャルメディアのアカウント情報を含むプロフィールの閲覧も可能なので、会う前からどんな経歴、専門性を持っている人物なのかを容易に知ることができます。

　会議の主要なスピーチはリアルタイムで映像がストリーミングで配信され、そしてアーカイブ化されます。参加者、会場への参加が叶わなかった人同士も、ハッシュタグ（#skollwf）を活用することで、オープンなコミュニケーションをとることが可能でした。参加者のリストもオンラインに公開されているパンフレットのPDFファイルで閲覧できます。

FLUX（絶え間ない変化）時代に求められるコラボレーション

2012年3月末、9回目を迎える「スコール・ワールド・フォーラム」には前年を上回る約900人の社会起業家、社会イノベーションに関わる専門家が集い、開催されました。

今回のテーマは「FLUX: SEIZING MOMENTUM, DRIVING CHANGE（絶え間ない変化：勢いを掴み、変革を促進させる）」でした。3日間を通じて貧困問題や経済開発、水や食糧の安全保障、教育、自然災害、パンデミック（感染症や伝染病の世界的な大流行）、途上国における女性のエンパワーメント、紛争解決と平和構築、ソーシャルファイナンス、インパクト投資等、多岐にわたるトピックについて、議論とネットワーキングが繰り広げられました。「FLUX」とは、世の中のビジネス環境、政治、文化、地球環境、テクノロジー等、絶え間なく激しく変化していく現代の様子を切り取った新しいキーワードで、イノベーションや新しい環境への適応力が問われている社会の様子を指します。同フォーラムは、この不確実な時代を不安ではなく、むしろチャンスと捉え、今までにない新しいアプローチで社会課題解決に取り組む社会起業家が世界中から集まることで知られています。

毎回表彰されるスコール・アワードの過去受賞団体には日本でも知名度がある「ティーチ・フォー・アメリカ(Teach for America)」「キヴァ（Kiva）」「ルーム・トゥ・リード（Room to Read）」等も含まれており、計74団体の代表の多くが毎年一堂に会する機会としても、貴重な交流の場所となっています。

スコール財団を1999年に設立したジェフ・スコール氏はビジネス

誌『フォーブス』の世界長者番付の401位にランクインし、個人資産は29億ドル（約2300億円）と言われています（写真1）。スコール氏は財団の他にも、社会課題をテーマにした映画制作を手がける「パーティシパント・メディア（Participant Media）」（『不都合な真実』『ザ・コーヴ』『コンテイジョン』等が有名）、行動を促すためのオンラインコミュニティサイト「TakePart」、気候変動、水問題、パンデミック、核、中東紛争等の危機に取り組む財団「スコール・グローバル・スレット・ファンド（Skoll Global Threats Fund）」、そして投資業務を行う「カプリコーン・インベストメント・グループ（Capricorn Investment Group）」等、実に多様な視点から社会変革をドライブする巨大生態系を創りだしています。

年に1度の貴重な交流の場

　今回は今まで以上に大企業や政府や国連機関、そして大手メディアからの参加が目立ちました。パートナー企業大手にはシスコシステムズ、シティグループ、メディアパートナーとして英国国営放送BBCが参画した他、マクドナルド、ペプシコ、ノバルティス、ヒューレット・パッカード等の幹部、ゴードン・ブラウン前英国首相が

スピーカーとして参加し、USAID（米国国際開発庁）、ユニセフ、世界銀行、米国務省等からのシニア・スタッフも数多く参加していました。

　メディア関係ではオンライン・ニュースサイト大手「ハフィントン・ポスト」の創業者アリアナ・ハフィントン（Arianna Huffington）氏を筆頭に、英ガーディアン紙、フィナンシャル・タイムズ紙、エコノミスト誌、アルジャジーラ・イングリッシュ等の記者、ワイアード誌、インク誌等のビジネス雑誌の記者や編集長も参加しており、社会起業家が集うイベントに対する注目度をうかがうことが出来ました。

　なお、テクノロジー企業からはグーグル（ユーチューブで教育事業に取り組んでいる責任者）、ツイッター（社会イノベーション担当者）、リンクトイン等が参加し、行政機関向けのプログラム開発に取り組むエンジニア、ビッグデータの専門家等、幅広い参加者が異業種、異セクター間のコラボレーションに取り組んでいる姿を、会場のあちこちで見ることができました。

　これだけ多様なメンバーが3日間、キーノートプレゼンテーション、アワード授賞式、分科会、ワークショップ、映画上映会、レセプションの他、ロビー、カフェ、そしてパブ等でのネットワーキングを通じて交流を行うという、1年に1度のモチベーション向上とパートナーシップ構築の機会としての、非常に洗練された会議運営スタイルも特徴的です。

　今回は初めて分科会のファシリテーターとして「Social Media for Social Good」というテーマでディスカッションの機会を持つことが出来ました。小規模なセッションではありましたが、改めて世界中で社会変革のためのソーシャルメディア活用に対する注目、期待が高まっていることを確認する機会となり、一方で個別の団体の現場での話をうかがうにつけ、必ずしも全ての組織で同じようにソーシャルメディアを活かしきれているわけではない現実も知るこ

とが出来ました。

　ソーシャルメディアの「リタラシー・ギャップ」について分科会メンバーや他の参加者に質問する機会もあったのですが、現状、この新しく生まれつつあるソーシャルメディアツールのトレーニングを効果的に社会起業家や市民に広く行う機会はまだまだ稀であると、やり取りを通じて感じました。

「地域によりテクノロジーの普及率や国民性に違いがあり、それぞれ一人ひとり、出来るところから学び、共有していくことが大切」というような一般的な回答しか全体的に得ることができなかったことは、正直、意外でした。社会イノベーションをドライブするためにも、学校で、地域で、会社で、行政サービスにおいて効果的なソーシャルメディア活用のリタラシー向上を促進するようなプログラムがきっと必要になるのではないか、と問題意識を持つきっかけになりました。

　私が知り得た、経験し得た僅かな部分の感想になりますが、こうしたフォーラムは公式プログラムにない場所で数多くのコラボレーション、学び、そして化学反応が生まれることと思います。会議での主要なプレゼンテーション等はオンライン上で公開されているので是非ご覧になってみてください。

　日本でも東日本大震災以降、FLUX（絶え間ない変化）を伴い、しかも大きな時代変革の時期を迎えています。グローバルな英知を結集しての課題解決が求められる際、こうしたスコール・ワールド・フォーラムという場所・機会を活用することで、日本発のアイディアやプロジェクトと、世界の社会イノベーターとのコラボレーションが生まれていくことを願っています。

改めて問う。
「ソーシャルグッド」とは?

　2012年2月13日から17日の5日間、世界12都市をつないだグローバルイベント『ソーシャルメディアウィーク東京』(主催:株式会社サイバー・コミュニケーションズ) が東京都内で開催され、マーケティング、メディア等幅広いテーマに関する合計48のセッションが行われました。

　その中の2月16日は終日「ソーシャルグッドとは何か?」というテーマで、講談社においてプレゼンテーション、パネルディスカッション、ワークショップが行われ、100名以上を収容する会場がほぼ満席となる盛況ぶりでした (写真1)。

　プレゼンテーションではsinsai.info (災害時のクライシスマッピングサービス)、シュアール (テクノロジーを活用した手話サービス)、日本財団、アマゾンジャパン、世界銀行、ユーツープラス (ウェブを活用したうつ対策サービス) がそれぞれの取り組みを共有し、greenz.jpがホストのワークショップでは、会場が一体となったディスカッションを通じ、「自分ごと」として「ソーシャルグッド」というテーマについて議論するという一日でした。

　パネルディスカッションには、私も含め、『現代ビジネス』の「ソーシャライズ!」のコーナーで執筆しているライター陣等5名が登壇、「今なぜソーシャルグッドなのか?」というテーマについて、議論を深める機会となりました。

「ソーシャルグッド」の定義

　まず興味深かった点は、「ソーシャルグッド」というキーワードに関するセッションが、今回のようなグローバルなイベントにおいて終日の枠を得て開催されたことの意義です。会場には多くのビジネスパーソンが参加し、熱心に話に耳を傾けていました。

　パネルディスカッションでは、イケダハヤトさん、植原正太郎さんを中心に、ソーシャルメディア等のテクノロジーを活用したNPO活動支援、あるいは広く社会をよくする試みとしての「ソーシャルグッド」の気運やムーブメントについて、議論がかわされました。

　一方で、森惇哉さん、松岡由希子さんらが力説されたのは、テクノロジーの可能性を認めつつも、社会の中のおかしいと思うこと、課題だと思うことに対し、あくまで「自分ごと」として捉え、身の回りから小さな行動を起こしていくことの大切さでした。

　私自身はモデレーターという立場でもあり、議論を伺いながらコ

メントをする形でしたが、多くのイノベーションを可能にするソーシャルメディアの利用が十分に浸透しておらず、ソーシャルグッドの気運があまり高まっていないことを指摘しつつ、海外、特にアメリカ等で起こりつつある、幅広い分野におけるソーシャルグッドの裾野の一端を、紹介しました。

例えば、アメリカの非営利セクターでは「NTEN (NonProfit Technology Network)」というNPOセクターのテクノロジー利用を促進する1万人以上の会員を抱える非営利団体があり、ウェブサイト上のコンテンツやネットワークの機会、カンファレンス等を通じて業界の知見、レベルを上げようとする取り組みがあること等について触れました。

また私が2009年夏から運営している、ソーシャルメディアの利用を通じてNPOや社会的な活動を支援するグローバルコミュニティ「ネットスクエアード東京」の活動についても簡単にご紹介させて頂きました。

なお、当日は「ソーシャルグッド」という言葉そのものの定義について、十分に伝えることが出来ていなかったことを後日認識し、その理由を改めて考えてみました。アメリカを中心とする海外のメディア等での取り扱われ方を見ても、現状、明確な定義ができていないのではないか、と私自身は今、思っています。

ただ、イノベーションを起こそうとしているビジネスリーダー、行政担当者、社会起業家、アクティビストたちの発言、あるいは彼らを取り上げるメディアを注意深く見ていると、「ソーシャルグッド」という言葉が、比較的広く一般的なものとして近年数多く使われることが増えていることに気づきます。

「ソーシャルグッド (Social Good)」を直訳すれば「社会」と「よいこと」です。今までは、例えばNPO、チャリティ、CSR、サステナビリティ、ボランティアと呼んでいたような枠組みや行為が、もはや一言で表現しきれないほど複雑化していることから、この「ソ

ーシャルグッド」なる言葉が、「社会によい行為」を広く意味する形容詞として簡易的に使われているように感じます。

例えば行政サービスの効率化を目指す「ガバメント2.0」という動き、教育分野におけるテクノロジーを活用したイノベーションを目指す「エドテック」、格差是正を訴える「オキュパイムーブメント」、反独裁政府の民主化運動、社会貢献を企業のマーケティングに結びつける「コーズ・リレーテッド・マーケティング」等……全て社会システムをよくしようという試みです。あらゆるセクター、地域でこうしたムーブメントが野火のように広がっている中で、それらの動きを包括的に指し示す言葉がない、というところから生まれた言葉として「ソーシャルグッド」があるのではないかと、私は思います。

もちろん、その背景にはソーシャルメディアにより加速しつつあるイノベーション、あるいはリーマンショック以降の資本主義システムに対する不信感、全世界的に危機感が高まる地球環境問題等が根底にあり、そこから生まれつつある私たち一人ひとりの毎日の価値観、そして生活やビジネスのスタイルの変化があってこその言葉であると感じています。

世界的な社会問題解決の架け橋に

パネルディスカッション後、改めて他の都市で開催されていたソーシャルグッドに関するセッションのいくつかを見てみました。特にニューヨークでは、「Social and Environmental Change」のテーマの下、社会的なテーマを扱う21のセッションがあり、その中には「ソーシャルグッドを盛り上げるためのオンラインプラットフォームの活用(Leveraging online platforms to inspire Social Good)」「ソーシャルグッドの新顔 (The New Face of Social Good)」「ソーシャルグッドのためのソーシャルメディア (Social

Media for Social Good)」等、「ソーシャルグッド」という言葉をタイトルに含むセッションが数多くありました。

　その他にも企業のサステナビリティ担当者、オキュパイムーブメントのリーダー、ニューヨーク市のチーフ・デジタル・オフィサー、外交官、著名な教育系NPOドナーズチューズのCEO等、あらゆるセクターからイノベーションを起こしつつあるスピーカーが登壇していました。

　ソーシャルメディアウィークのグローバル・チーフ・キュレーターであり、『ウィキノミクス』等の世界的に影響力を持つ書籍の著者であるドン・タプスコット（Don Tapscott）氏のトロント会場での講演を見ても、やはりそこで取り上げられていることは上記で取り上げられている中東民主化活動であり、オキュパイムーブメント、ウィキリークス等、世界中で広がるマスコラボレーションから生まれる楽観的・希望的な将来の姿でした。

　ドン・タプスコット氏により掲げられた「Empowering Change through Collaboration（コラボレーションによる変化の加速）」というソーシャルメディアウィークのグローバルテーマの中で、東京会場で語られた「ソーシャルグッド」は、まだまだ浅い議論かもしれません。ただ、今回の議論が今後グローバルに繋がっていく会話へのひとつのきっかけになっていたとするならば、大変意義深いことであったと思います。

281

Chapter 6
Individual

> Organization

第6章 組織より個人

世界で拡がる
「コワーキング・スペース」

　近年のインターネット、様々なソーシャルメディア・ツールの発達のおかげで、私たちはオフィスにいなくとも、自宅で、カフェで、場所にとらわれず働くことが可能になりました。

　一方、自宅での作業は時に孤独感を伴い、またカフェでは十分な電源や高速インターネット・アクセスが確保出来なかったりする等の理由から、近年「コワーキング・スペース（coworking space）」という新しい共有オフィス環境（写真1）が、世界的に話題になりつつあります。特にフリーランスのウェブデザイナー、プログラマー、あるいは業種を問わず独立したコンサルタント等の知的プロフェッショナル、社会起業家のような新しい働き方を志向する人の間で顕著に見られる傾向です。

コワーキング・スペースとは

　単に雑談出来る仲間や電源、インターネット・アクセス欲しさからだけではなく、「コワーキング・スペース」の特徴は、各個人が独立して働きながら、相互にアイディアや情報を交換し、オフィス環境を共有することで生まれる相乗効果を目指すコミュニティ・スペースであることです。

　既存のレンタル・オフィスのような時間貸しのスペースとは異なり、コワーキング・スペースには通常間仕切り等はなくオープンで、会議室、イベントスペース等を兼ね備えたものが一般的です。

　近年話題になりつつある「シェア経済」と呼ばれる共有をベース

にした新しいビジネスモデルの中でも、「オフィス・スペースの共有」は将来有望なビジネス・チャンスとして取り上げられることが多いトレンドです。

こうした兆候は過去4〜5年の間に顕著にみられ、サンフランシスコ、ニューヨーク、ロンドン等の大都市を中心に、アメリカではほぼ全ての州に約200程、ヨーロッパ全土でも150以上の都市にコワーキング・スペースが存在すると言われていましたが（2010年秋時点）、その後こうしたスペースが世界各地に生まれつつあります。例えば、2005年にロンドンで生まれたザ・ハブ（The Hub）は、ソーシャルビジネス、社会起業家のために特化したコワーキング・スペースとして知られています。現在ロンドン、テルアビブ、ヨハ

ネスブルグ、サンフランシスコ等、世界中25の都市にフランチャイズ拠点を持ち、東京を含む50拠点が現在立ち上げ準備中であるとホームページには記載されています(写真2)。

　私が2010年春に訪れたThe Hubのロンドンオフィスは、キングスクロスという駅から歩いて5分程の距離にある、洗練された建物の中にありました。

　こちらのオフィスの場合、スペースを20時間まで使えるパスが40ポンド(約5000円)、制限なしの月額会費は400ポンド(約5万円)で、朝8時から夕方6時まで、いつでもスペースを利用することが出来ました。同時に、プランに関係なく、会員になることでメンバー同士のメーリングリスト、同オフィスで開催されるイベントへの無料参加、会議室の割引利用が可能になります。なお、無制限プランの場合、郵便ボックスやロッカールームを持つことができ、コーヒー・紅茶が飲み放題という特典がついています。

　私はゲストとして「The Hub」に数日滞在したのですが、とてもオープンでフレンドリーな雰囲気に溢れ、打ち合わせをしている人、黙々とコンピュータに向かっている人が数多くいました。オフィスにはホストと呼ばれる人がいて、スペースを居心地よくしてくれる貴重な役割を果たしています。興味の合いそうな人を紹介してくれることもあるそうです。

欧州におけるコワーキング・スペース

　コワーキング・スペースのムーブメントを象徴するような、欧州におけるコワーキング・スペースに関するカンファレンスが、2010年11月19日〜20日にブリュッセルにおいて初めて開催されました(写真3)。

　22ヵ国から約150人の参加者が集まり、同時にヨーロッパでのコワーキング・スペースの現状をまとめた調査結果も公表されました

（インターネットによる欧州の120の事業者に対するアンケート調査。回答率は40％）。同調査の中で興味深かった点は、87％の回答者がオフィス利用者同士で新しいプロジェクト（仕事）が生まれた、と回答していることでした。サンプル数は少ないのですが、利用者は起業家やフリーランスが中心で、国境を越えてムーブメントが拡がっている等、トレンドの一端を窺うことが出来ます。

　回答者の半数は座席数20席以下の小規模事業者で、その他会費収入を主要な収益としている民間事業者が主流という結果もまとめられていました。

日本でも拡がりつつある働き方の変化

　日本でも「コワーキング・スペース」のコンセプトを持った共有スペースのビジネス、またそういった場所での働き方が拡まりつつあります。私が2009年から入居している「ちよだプラットフォームスクウェア」は2004年2月に設立され、300を超える会社、NPO、起業家が入居している日本独自のコワーキング・スペースの草分けのような施設です。世代や業界を問わず多様な働き方をしている人が多く、最近では大企業を辞めて新しく起業する人も目立って増えています。

　海外の「コワーキング・スペース」のモデルにより近い形で2010年5月に神戸でスタートした「カフーツ〜コワーキング＠神戸〜」、同年8月に世田谷でスタートした「PAX Coworking（パックス・コワーキング）」は理念・形態として世界の潮流に近い先端事例といえます。2011年後半から2012年にかけて都市部を中心に日本全国でもコワーキング・スペースが数多く生まれましたが、改めてコワーキング・スペースが「ムーブメント」であることを感じる現象といえるのではないでしょうか。

「コワーキング・カンファレンス」開催、拡がるムーブメント

　2011年11月3日〜5日の3日間、ドイツのベルリンにおいて前年に続き第2回目を数える『コワーキング・カンファレンス2011』が開催されました（写真1）。
　最近では日本国内でも数多くのコワーキング・スペースが全国に誕生し、またマスメディアで特集されることも増え、気運の高まりを強く感じます。
　『コワーキング・カンファレンス2011』には、ヨーロッパを中心として世界中から運営者や関係者が200名以上集まり、会議のサブタイトルに「Taking Coworking to the Next Level（コワーキングを次の次元に）」と掲げられているように、より成熟したコワーキングのあり方を議論するべく、多様なアイディア、事例が紹介されました。

成功の秘訣はコミュニティ

　会議の中で紹介された興味深いデータとして、オンライン調査結果があります（調査はオンラインメディア「デスクマグ〈Deskmag〉」が2011年10月19日〜11月2日の間インターネット上で実施し、コワーキング・スペース運営者、利用者等52ヵ国1500人以上が参加）。
　主要な調査結果を紹介します。
　まず、96％の回答者が「コミュニティ」が最も重要な付加価値と回答（2番目は「オープンさ」で93％）している点が挙げられます。スタートアップのインキュベーション施設、あるいはビジネスセン

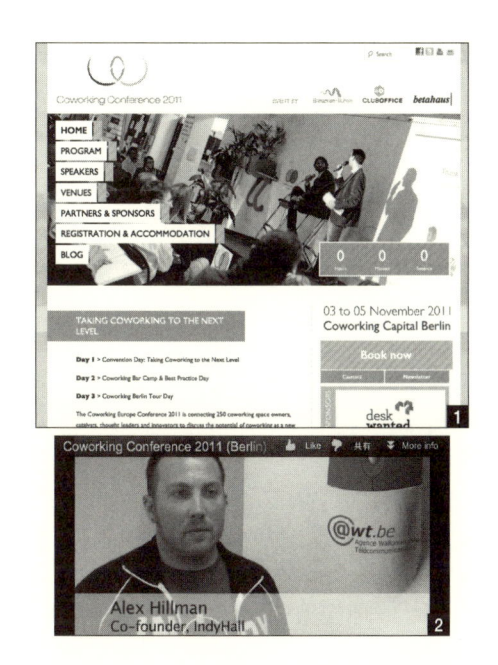

ター等、他のオフィスシェアの形態と比較した際、コワーキング・スペースの特徴として、人との繋がり、「コミュニティの大切さ」が改めて裏付けられた結果と言えます。

次に、「自分の所属しているコワーキング・スペースで最も気に入っている点は？」という質問項目に対しては、「人」が1番（81％）で、「ロケーション」が2番（61％）、そしてその後に運営者（54％）、価格（46％）と続きます。この点は「コワーキング・スペースに参加することで得たもの」として1番が「ソーシャルサークルが広がった」こと（92％）、その後に「ビジネス上のネットワークの拡大」（80％）、そして「生産性」（75％）というような「人」重視の点とも符合します。

アメリカのフィラデルフィアで「インディ・ホール」を運営して

いるアレックス・ヒルマン氏（写真2）が指摘していた興味深い点は、コワーキング・スペースを始めようとする際、コミットしてくれる、そしてお金を払って参加してくれる「最初の10人」が非常に大切である、ということです。運営者として重要なのは、その参加者が集い、積極的にスペースに参加し、いろいろなストーリーを共有できるようなコンテキスト（文脈・雰囲気）を創ることである、と指摘しています。

世界で急成長が続くコワーキング・スペース

今回のオンライン調査では世界中の「コワーキング・スペース」ムーブメントの広がりが明らかになりました。北米には531ヵ所が存在し、ヨーロッパには467ヵ所、欧州に関しては1年前と比較してほぼ倍増という結果が出たのです。

ヨーロッパの具体的な事例としては、今回スピーカーとして登壇したイタリアのコワーキング・スペース「cowo」が象徴的です。設立から3年しか経っていないにもかかわらず既に61もの拠点をイタリア全土に持ち、バルセロナ（スペイン）にも拠点を持っています。

調査によると、黒字化している運営者はまだ約40％であり、設立資金も64％が自己資本（その他銀行借り入れ＆家族・友人からの出資が計21％）と、商業的に大成功しているかというとまだまだ試行錯誤の途中です。ただ、前向きな点として挙げられるのは、現在コワーキング・スペースに入居している人の68％が退会する予定がないと答え、少なくとも1年は入居予定の人（17％）と合わせると85％にも達するという点です。そして数多くの成功事例や失敗事例は様々な場所で広く共有され、進化のスピードもきっと速いであろうということです。

会議に参加していたドイツの議員は、コワーキング・スペースを

支援することに対し興味を示し、フィンランドの大学では学生が自発的に空いていた研究室に集っていた試みが、2年も経たないうちにスタートアップ起業のためのインキュベーションプログラムに進化した事例等が共有されました。上海にあるコワーキング・スペース「新単位 (Xindanwei)」もアジアからの事例として唯一登壇し、会場から注目を浴びていました。

こうしたコワーキング・スペースの盛り上がりは日本国内でも最近では様々なセクター、地域で広がりを見せつつあります。例えば2011年秋から次々開設されたコワーキング・スペースには、主にノマドワーカーを支援するような「Lightningspot (ライトニングスポット)」(渋谷)、クリエーターを支援する「co-ba (コーバ)」(渋谷)、あるいは海外進出を目指すスタートアップ向けのスペース（要入居審査）として注目を浴びている「Samurai Startup Island」(品川・天王洲アイル) 等が挙げられます。

「コワーキング・スペース」の定義は非常に広く使われている印象がありますが、地域性、コミュニティ等に重点を置いたコワーキング・スペースのムーブメントとして、「Cahootz (カフーツ)」(神戸)、「PAX Coworking (パックス・コワーキング)」(東京・世田谷区)、「小脇 (こわき)」(京都)、「JUSO Coworking」(大阪) 等の存在も注目に値します。2011年12月には神戸において「コワーキング・フォーラム関西2011」が約100人規模で開催され、2012年5月には『つながりの仕事術〜「コワーキング」を始めよう』(洋泉社新書) という書籍も出版される等、気運が高まっています。

人々の働き方が大きな変革期に直面している時代にあって、このコワーキング・スペースのムーブメントがどのように今後進化していくのか。個人として、企業として、そして地域、政府としても無視出来ない潮流といえるのではないでしょうか。

産業育成を目指す
ロンドンの
新コワーキング・スペース

　日本では未曾有の大震災以降、「復興後のビジョン」の必要性が様々な場所、形で取り沙汰されています。被災地を、この国を、どうしていくのか、そんなリーダーシップが今、求められています。

　先日訪問したロンドンで偶然立ち寄ったあるオフィスに、「テックハブ（techhub）」という施設がありました（写真1）。「コワーキング・スペース」のひとつです。この施設のあり方、そして背景にある様々な動きに目を向けると、2012年のオリンピックを控え、産業育成を実現するための英国政府の強いビジョンを感じ取ることができます。

「テックハブ」とは

　「テックハブ」とは、2010年7月にオープンした、テック系スタートアップのためのコワーキング・スペースです。英国人起業家のエリザベス・バーレー（Elizabeth Varley）氏と著名テクノロジー系ウェブサイト「テッククランチ・ヨーロッパ（TechCrunch Europe）」エディターのマイク・ブッチャー（Mike Butcher）氏により、共同で設立されました。設立時からグーグルや大手出版社ピアソン社等がスポンサーとなり、創業間もない起業家に対し、低価格でオフィス・スペースを提供し、起業家同士、また投資家も交えた生態系を生み出しつつあります。

　審査を経た起業家や創業間もない企業のメンバーは、年会費375ポンド（約4万7000円）を払うことで自由に施設の利用が可能で、

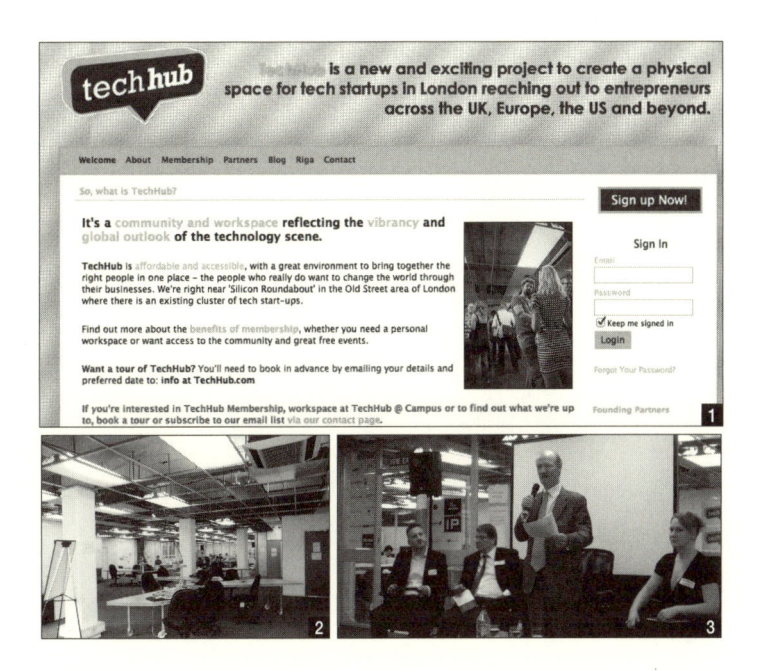

月間275ポンド（約3万4000円）を払えば専用のデスク、郵便物受け取りの住所を持つことができ、会員は施設で行われる様々なイベント、オンラインのコミュニティに参加することが可能です（写真2）。

「テックハブ」はロンドン東部にある地下鉄オールド・ストリート駅を出てすぐの場所、ショーディッチ地区にあります。このエリアは、かつては汚れた街角に貧困層や移民が多く住む地域として知られ、その後、自由奔放な雰囲気と安い賃料を好む芸術家らが住み着いて流行の発信地としても知られるようになりました。この地が2012年のロンドン五輪開催に向けて、再び大きく生まれ変わろうとしているのです。

「イギリス版シリコンバレー」構想

　2011年4月時点で約200社のハイテク企業が集っていたこの地区は、付近にあるラウンドアバウト（環状交差点）にかけて〝シリコン・ラウンドアバウト〟と呼ばれています。デーヴィッド・キャメロン英国首相は2010年11月、このショーディッチ地区からさらに東の五輪のメイン会場予定地にかけて、英国版シリコンバレー「テック・シティ」を構築する計画を発表し、このエリア一帯にハイテク産業の起業家を集め、投資を呼び込む狙いを宣言しています。

　政府はテクノロジー＆イノベーション・センター建設費用として2010年から4年間で2億ポンド（約250億円）の予算を計上し、有望なスタートアップに同じく2億ポンドを投資することを表明しています。また、企業誘致のため、起業家向けの新たな労働ビザの導入や知的財産権制度の改革等も発表しています。

　シスコシステムズ社は今後最大5億ドル（約400億円）を投じテック・シティにイノベーション・センターを設立することを表明しており、その他戦略コンサルティング・ファームのマッキンゼー社も同地で新興企業の成長をバックアップし、新しい産業クラスター育成のための支援をすることに合意しています。

政府による積極的な投資

　私がテックハブを訪れた2011年4月には、偶然にも政府による産業育成のための新たなプログラムが発表されるイベントが開催されていました（写真3）。

　ビールやワイン、そして軽食が振る舞われる、とてもカジュアルな無料のネットワーキング・イベントには、「テックハブ」の入居者、外部の起業家予備軍、そして投資家等、合計約150人が集まっていました。登場したデービット・ウィレッツ大学・科学担当大臣

(ビジネス・イノベーション省)はそこで、投資額合計100万ポンド(約1億2500万円)のビジネスプラン・コンペティション「テック・シティ・ローンチパッド1」の発表を行いました。

　しくみは至って簡単で、ビジネスプランを盛り込んだ動画(最大2分間、原則公開ですが非公開も選択可能)をインターネット上にアップロードすることで応募とし、その中から選ばれた20件は更に詳細な企画書を書面で提出、最終的に選ばれた10社に対し、それぞれ10万ポンド(約1250万円)の投資が行われる、というものです。

　会場に詰めかけた起業家たちは大臣に自由に接触し、自分たちがこれから応募しようとするプログラムの詳細について、矢継ぎ早に質問を浴びせていました。20代の若手起業家から経験豊富なベテラン起業家まで、思い思いのアイディアを持って真剣に聞き入っている姿は、新しくここから何かが生まれる可能性を感じさせるものでした。

「テックハブ」のような物理的なコミュニティスペースを触媒とし、政府によるリーダーシップが草の根レベルで実際に運営されている姿は、とても斬新なものでした。今日の日本に必要とされている「復興に向けたビジョン」作りのひとつのヒントがここにあるのではないか、と思いを強くしました。

今求められる新しい
出会い、学び、コミュニティの形

　本書でも何度か登場する「ミートアップ」という言葉を、徐々に世間でも耳にする回数が増えてきたように思います。必ずしも「ミートアップ」という呼び方はしていなくとも「ミートアップ」的なものが指すのは、共通の興味に関してインターネット上でイベントの管理・告知をすることで集う、「オフ会」のようなものです。勉強会、セミナーのような構えたものではなく、時間と場所とテーマを決め、少人数から20〜30人くらいまでで、カフェ等に集まって行われる小規模ミーティング・交流会というイメージです。

　多くの場合、参加申し込みの際にツイッターやフェイスブック等のソーシャルメディアツールを通じて自分のアイデンティティを開示するため、全く初めての人に囲まれたとしても、そこには共通のテーマ・文脈があり、すぐに打ち解けて会話が生まれやすいことが特徴です。私も先日、「つながる読書会―Bookclub with sharemind」という会に参加する機会がありました。課題図書が『メッシュ　すべてのビジネスは〈シェア〉になる』(徳間書店) で、テーマに関心を持っていたこともありますが、お誘い頂いた主催者以外、一度も会ったことがない人達約10名ととても深いディスカッションをさせていただきました。気づいたら2次会まで参加し、数多くの人と出会うことができ、思いがけない発見を得ることができました。

　そこで生まれたインスピレーションがひとつあります。それは、震災後の今、こうした「ミートアップ」が、出会い・学び・コミュニティの新しい形として、必要とされているのではないか、という

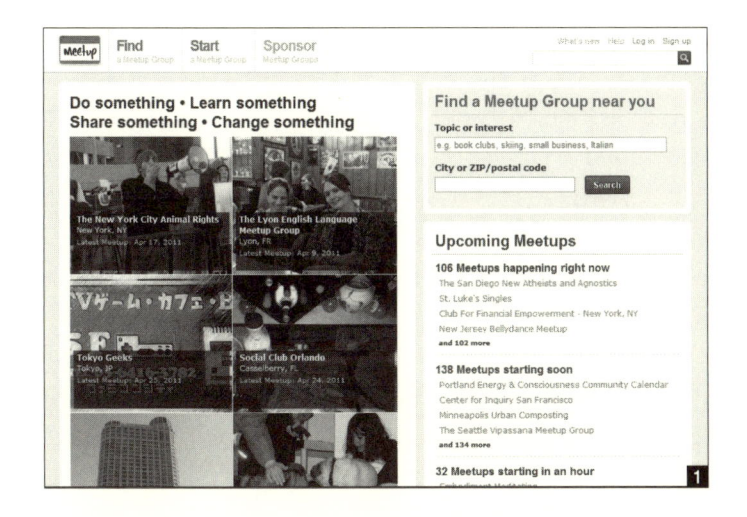

ことです。

　理由は3つあります。まず、興味が共通の人と出会い、語ることで、不安を取り除き、今起きていることを理解できるという点です。震災を契機に、私たちは今まで経験したことがないような困難な状況に直面し、新聞、テレビ、インターネット、日々の会話を通じ、将来に対して大きな不安を感じています。もちろん家庭や職場、地域等、既に多くの人は何らかのコミュニティに属しているとは思います。ただ、忙しさを増す日々の中でなかなか機会がないと会うことが難しい、と感じている人は少なくないのではないでしょうか。コンピュータのスクリーン、テレビの画面からしばし離れ、地域や趣味で共通点をもつ人と出会うことは、不安を取り除き、新しい発見をもたらしてくれることと思います。

　次に、分からないことを学び、教え合う場所を持つことができる点です。「3.11」以降、私たちは新しく学ばなければいけないたくさんの事象に直面しています。単位の読み方も未だに十分に理解できない放射能のこと、これからのエネルギー政策のこと、そして急

に身の回りで利用が拡がったソーシャルメディア・ツールの使い方について等です。図書館や書店に行って本を探す、インターネットで情報収集をする、ということ以外に、手軽な「ミートアップ」を開催したり参加したりする。すると共に学びや理解を深め、人に教えることで感謝されたりすることが、実は多くあることに気づかれるかもしれません。若い世代が先輩世代にソーシャルメディアのことを教え、先輩世代が若い世代に人生・仕事経験、歴史、そして地域のことを教える、ということも考えられます。

　そして最後は、震災にまつわるギャップを埋め、コミュニティの中で自分が今できることに気付き、一歩を踏み出すためです。震災後の課題になっていることのひとつに、被災地の方とそうでない方との間にある様々なギャップが指摘されています。被災地で起きていることの情報や理解、当事者意識等のギャップです。例えばボランティアで現地に行った経験者を招いて「ミートアップ」を開催することで、ボランティア参加について学んだり、自分ならではの関わり方を見つけることが可能になるかもしれません。もしかしたら新しいNPOが生まれることだってあり得ます。

オフ会自動管理サイト「ミートアップ」

　アメリカにはまさに「ミートアップ（www.meetup.com）」という名前の会社が存在し（2002年設立）、世界中の4万5000もの地域で、12万近くものトピックに関して、毎月34万回もの「ミートアップ」が開催されています。トピックは好きな本、映画、ヨガ、外国語学習等、あらゆるテーマについてのグループが存在します（写真1）。
「ミートアップ」企画者は月に12ドルの費用を払えば、日時、場所、テーマの設定、出欠者管理までを簡単にできるプラットフォームの利用が可能になります。既にサイトに登録している多くの人へ

の告知も可能です。イベント参加費のオンライン課金もペイパルやクレジットカードを通じて徴収できる点は非常に便利です。

　ミートアップの特徴的な点は、自分が気に入るグループが見つけられなければ、誰でも簡単にグループを作成するのが可能なことです。2004年の米大統領選挙の際には、民主党の候補者選びでハワード・ディーン氏を支援するコミュニティが全米で自発的に立ち上がり、組織され、大きな役割を果たしました。そして2010年には「Meetup Everywhere」というサービスをリリースし、テーマを掲げることで世界中でそのテーマに関したイベントを企画することが可能になりました。

日本でも「ミートアップ」のツールと文化を

　ご紹介した「ミートアップ」はインターフェイスが日本語ではないため（入力は可能）、残念ながら国内ではまだあまり利用されていません。ただ、最近では以下のようなイベント企画・告知ツールが数多く生まれてきています。フェイスブックのイベント機能を使う人も最近は増えつつあります。
・PeaTiX（www.peatix.com/）
・everevo（www.everevo.com/）
・ATND（www.atnd.org/）
　告知ページにツイッターのハッシュタグを入れる項目があったり、参加者のリストを一覧にして出力できたり、きめ細かいサービスが無料で利用できるツールも多くあります。実際学生や若い世代ではこうしたツールを使って飲み会、お花見、交流会を企画している様子を見ることができます。

ソーシャルメディア時代の「共感」イベント

ツイッターやフェイスブック等のソーシャルメディアツールを活用することで、イベントの企画、集客、運営は以前に比べ容易にできるようになりました。特に大きな予算や人手を持たない非営利団体、サークル、そして個人でも、何か世の中に伝えたいメッセージがある際、リアルのミートアップやイベントを企画することは有効な手段になりつつあります。

2011年夏に、Individual＞Organization01でご紹介した「コワーキング・スペース」というテーマに関し、『New Yorkのコワーキング・スペース「New Work City」創業者と語る新しい働き方の可能性』というイベントを開催する機会がありました。告知期間が2週間だったにもかかわらず100人近くの方に参加頂き、盛況のうちにイベントを終了することができました（写真1）。

開催までにはいくつもの試行錯誤があったのですが、準備を通じてソーシャルメディアが広まっている今だからこそ起きる問題点、そして効果的で示唆に富む解決方法、ツールを学ぶ機会ともなりました。ここでは3つの点に絞って、それら企画運営の際のヒントについて共有していきます。

イベントの趣旨・形態に合った集客・出欠管理ツール

ツイッター、フェイスブックによる情報伝播力は既にご存知のように非常に大きなものがあり、イベント告知をすることで多くの人からの「参加表明」を得やすくなっていることは確かです。今回の

イベントは告知開始から1日で定員の80名を超える方からの「参加表明」を頂きました。

一方、気軽に参加表明をする人は増えているものの、どうしても当日や直前のキャンセルが今まで以上に発生しやすくなり、運営を経験している多くの人にとっては悩ましい切実な問題が生じています。無料イベントで会場スペースのゆとりがある場合にはいいのですが、有料イベントで座席制限があったり食事の手配が必要だったりする時には、幹事にとってキャンセルは悪夢です。

フェイスブックのイベント機能は参加予定者の顔が見えて参加者にとっての動機付けや事前交流の促進という点では魅力的なのですが、定員に達した時に人数制限をすることができない点、キャンセル待ちの方の管理が難しい点等で、非常に悩ましいと言わざるを得ません。

そこで今回活用したのが、オンライン事前チケット販売サービス「ピーティックス」でした（写真2）。手数料としてチケット売り上げの6％、注文ごとに70円の費用が発生するものの、当日の赤字リ

スクをハラハラ心配する必要がなくなり、非常に心強いサービスです。もちろんイベント参加希望者の中にはクレジットカード決済に不安を感じる方やクレジットカードをお持ちでない方もいるものの、安定的なイベント開催のために今後こうしたサービスは非常に大切になることと思います。

イベント自体をコミュニティ化する

　イベントに足を運んで参加してくれる方というのは、そのテーマに関して少なくとも何らかの興味を持っている、ある種コミュニティのメンバーと言えます。
　従来のセミナーや講演会のようなイベントは、登壇者が発する話の内容を聞くということが主要な目的だったと思います。一方で今日では講演内容が動画や書籍で事前に入手可能だったりすることも多く、聴講よりもむしろ、イベントを通じて生まれる会話、議論、あるいは共通のテーマに興味を持つ人との出会い等への欲求も、イベントの魅力として高まりつつあるといえます。
　そこで、リアルな情報共有に力を発揮するツイッターを活用すること、特にそのイベント参加者に特定のハッシュタグを事前に伝えておくことがとても大切になります。そのハッシュタグを介することで知らない人同士でもツイートが一連の情報の流れとして表示されるからです。
　今回のイベントでは当初、キーワードである「#coworking」を事前告知していたのですが、当日にこのハッシュタグでは海外で数多くのツイートがつぶやかれているため参加者にとって見分けがつきにくい、という問題が判明しました。幸い、直前に「#coworking_jp」というより特化したものに変更したことで、多くの方に会話が可視化され、多くのやり取り、交流をしてもらうことが可能になりました。その他にも「#coworking0803」のように日付を特定す

る方法も効果的です。

　なお、ユーストリームのリアルタイム動画配信は、会の趣旨にもよりますが、今や押さえるべき必須項目となりつつあります。会場以外のより多くの方とも対話が可能になったり、アーカイブ保存したりすることでその時にイベント参加が叶わなかった方とも、後で情報共有が可能になります。

イベント終了後のストーリー共有、告知

　最後の点としてお伝えしたいのが、キュレーションサービス、「ストーリファイ（Media07を参照）」（日本では「トゥギャッター」等が有名）を活用した情報共有です。ストーリファイは簡単なドラッグ＆ドロップの作業をするだけで、イベントの開催以降にソーシャルメディア上で共有されたツイート、画像、映像、そしてイベントについて書かれたブログ等を時系列にまとめて保存、共有することが可能になるサービスです。

　今までであればブログ等のレポート記事を書くことがイベント後の一般的な共有方法だったかもしれません。ただ、今後イベント自体がよりそのコミュニティを活性化するメディアのひとつになると考えると、イベント後の情報共有はとても大切な役割を果たします。

　スピーカーのどの発言に誰がどんな反応をしたか、あるいはイベント中に思いついた質問やアイディアに参加者がどのような回答やアイディアを書き込んだかも、共有することでよりイベントの様子が具体的に伝わります。その際会場の様子の写真、動画、プレゼンテーションスライドが一覧で閲覧できると、そのときの臨場感をより強く感じることができます。

癌患者さん、家族をつなげる
支援コミュニティ

　癌患者さん、家族のための支援財団、「リブストロング（www.livestrong.org）」（写真1）の名前を聞いたことがあるでしょうか？
　25歳の若さで癌を発症、苦しい闘病生活を乗り越え、自転車ロードレースの最高峰「ツール・ド・フランス」で前人未到の7年連続総合優勝を達成した、米テキサス出身のランス・アームストロング（Lance Armstrong）氏が設立したランス・アームストロング財団のことです。同財団は1997年に設立され、癌と診断された本人、その家族等を勇気づけ、必要な情報やサポートネットワークを提供することを使命としている団体です。2004年に癌撲滅・啓発のためにナイキとタイアップして企画された黄色いリストバンドのキャンペーンを始めた団体といえば、ご存知の方も多いかもしれません。
　ツイッターやフェイスブック等のソーシャルメディアにより可能となりつつある「人、モノ、お金、情報の新しいマッチング」をテーマとする様々な先端的事例を目にする中で、リブストロングの活動はオンラインコミュニティの効果的な活用という点で注目に値する活動を展開しています。多くの人が治療法等の情報交換をしたり、励まし合ったり、署名活動や募金活動を行ったりすることで、ひとつのムーブメントを起こしつつあることを感じます。

リブストロングのソーシャルメディア活用

　1997年に設立された同財団は現在フェイスブック上（写真2）で「いいね」をしている人の数が2012年5月の時点で約163万人、設

立者であるランス・アームストロング氏のツイッターアカウント（@lancearmstrong）のフォロワー数は約350万、財団CEOのダグ・ウルマン（Doug Ulman）氏のアカウント（@livestrongceo）は約107万、そして団体のオフィシャル・アカウント（@livestrong、写真3）は約29万と、米国の非営利団体の中でもずば抜けた数の人からの支持を得ています。

　もちろんスポーツ界のスーパースターである設立者の人気が影響していることは間違いありません。一方、世界中で癌とともに生きている約2800万人と言われている規模の人が、オンライン・プラットフォームの中で繋がりたい、支え合いたいと願うニーズに対し、リブストロングが効果的にサービスを提供していることも見逃すこ

とは出来ません。

　一方的に財団からの告知や寄付の依頼を情報発信するのではなく、常にファシリテーターとしてコミュニティの声に耳を傾け、適切な問いを投げかけ、寄せられた発言に対してきめ細かにお礼やコメントをする、というコミュニケーションのスタイルを垣間見ることができます。

　例えば、「友人や家族が癌であることを宣告された時にどのようなことに注意したらいいですか？」というような問いに対しては、体験者だから分かる、共有したい情報や意見、メッセージが癌生存者（サバイバー）を含む多くの方から寄せられています。またこうして集められた知見をリブストロングが「ガイドブック」としてまとめたり、ヘルプラインとしてカウンセリング・サービスに活用したりしています。

　2009年に同財団初のオンライン・コミュニティ・エバンジェリストに就任したブルック・マクミラン（Brooke McMillan）氏は、それまでの5年間、コールセンター担当として電話で患者や家族からの質問に答えるという業務に従事していたこともあり、きめ細かな気配りがソーシャルメディア上からも感じられます。現在は彼女と数名のチームメンバーがブログ等のメディア活用を含めコミュニティメンバーとの対話を進めています。

　こうした癌と闘う強いコミュニティを形成することで、同財団の年間収益は寄付、企業からのコーズ・マーケティング費用による収益、グッズ販売等合わせ、約4800万ドルにも達し、その8割を実際のプログラム運営やアドボカシー活動の費用に充てています。

　同財団の様々な活動は癌と闘う何百万人ものコミュニティの一人ひとりの想いを繋ぐ場所として、かけがえのない役割を果たしていることは間違いありません。活動は国際的な広がりを見せ、ここ日本でもリブストロングの理念に賛同するボランティア団体（ジャパ

ンフォーリブストロング）が立ち上がり、オンライン上での交流やチャリティーウォークイベント等が行われています。

　自分や自分の親しい人が体験するまで、普段馴染みのないと思われる癌という病に対し、今後日本でもソーシャルメディアを活用することで情報や体験談を共有したり、お互いを勇気づけたり、多くの場面で役割を果たしうるのではないか、ということをリブストロングの活動は私たちに示してくれています。

　例えば、がん医療情報を社会により広く発信するために関連組織が垣根をこえて設立された、「キャンサーチャンネル」というウェブサイトなどがあるように、日本でも最近ではインターネット、動画を活用した試みが増えつつあり、支援のコミュニティが広がる予兆を感じます。

Individual>Organization

個人の命を救う
ソーシャルメディア活用法

　もしあなたの大切な友人が白血病であると診断されたらどうしますか？
　2011年10月、スティーブ・ジョブズ氏が膵臓癌(すいぞう)によりその偉大な生涯を閉じた翌日、一人のインド系米起業家、アミット・グプタ氏が2週間前に白血病であると診断されたことをブログで打ち明けました。
　写真に関する情報サイト「フォトジュジュ (photojojo)」の創業者であり、「ジェリー (Jelly)」と呼ばれる、日本でも話題の「コワーキング・スペース」という新しい働き方の原型ともいえる活動を始めたグプタ氏の「告白」は、ネット上ですぐに大きな話題となりました。
　友人らの協力によりグプタ氏を支援する為のウェブサイト「AmitGuptaNeedsYou.com」（写真1）がすぐに立ち上がり、彼が最も必要としている骨髄のドナー登録をお願いするメッセージが、ツイッター、フェイスブック上で瞬く間に共有されたのです。
　アメリカでは現在骨髄バンクに約950万人もの登録があり、白人であれば10人に8人程度の確率で骨髄提供者とのマッチングの可能性があるのですが、グプタ氏はマイノリティであるインド系アメリカ人であることもあり、適合可能性の高い南アジア系（インド、パキスタン、バングラディシュ、ネパール、ブータン、モルディブ、スリランカ）の人からの骨髄のマッチングの可能性は「2万分の1」といわれていました。
　友人たちはこの状況に対し、「2万分の1」の確率を少しでも高め

るため、ブログにグプタ氏の応援記事を書いたり、新規骨髄バンク登録者を募るためのパーティを全米各地で開催したりする等、次々と支援の輪が広がっていったのです。

　著名なマーケティングの専門家でグプタ氏の友人でもあるセス・ゴーディン氏はブログで支援を訴え、「こうしたドナー登録は多くの人が話題にするものの、実際に行動に移す人は少ない。ならばゲーミファイ（ゲーム化）してみてはどうだろうか」と提唱、登録後、骨髄がマッチした方に1万ドルを支払うことを表明しました。その後動画共有サイトビミオ（Vimio）共同創業者らも名乗りを上げ、合計3名から3万ドルの寄付の表明がされました。

　テック系ニュースサイト「テッククランチ」、CNN、ニューヨークタイムズ等の大手メディアまでもが続々とこれらの支援の輪の広がりを取り上げ、専用のツイッターハッシュタグ、#Iswabbedforamitや#4amitを含んだツイートは数多くソーシャルメディア上で共有されたのです。「swab」とは、頬の内側の粘膜から綿棒などを使って検体を採取することを指します。日本では現状ドナー登録を

する際、約2ccの血液を腕から採取する必要がありますが、アメリカでは比較的簡単に登録をすることが可能です。

個人から巻き起こるムーブメント

　私自身、グプタ氏には直接会ったことはありません。ただグプタ氏から多くの影響を受け、ニューヨークでコワーキング・スペース「New Work City」を運営し、いち早く支援のためのドナー登録パーティを企画したトニー・バッチガルーポ氏等、複数の共通の友人がいたこともあり、見過ごすことができない出来事でした。改めてソーシャルメディアにより可視化され、共感が広がっていることを自分自身強く感じました。

　また同時にこうした情報共有の行為自体、グプタ氏一人を支援するだけでなく、日本国内で必ずしもまだ認知度が高くない白血病、骨髄バンクドナー登録の現状を知るきっかけとなれば、という思いがありました。日本骨髄バンク（骨髄移植推進財団）は2011年12月で20周年を迎え、ドナー登録者も40万人を超えていますが、病気に対する理解の深まり、そして更に多くのドナー登録を必要としています。

　スタンフォード大学で心理学やマーケティングの教鞭をとるジェニファー・アーカー氏とアンディ・スミス氏による著作『ドラゴンフライエフェクト　ソーシャルメディアで世界を変える』(翔泳社)という本があります（写真2）。ドラゴンフライ（とんぼ）のたとえを用い、焦点（Focus）、注目（Grab Attention）、魅了（Engage）、行動（Take Action）の4つの羽を連動することで、個人や企業がソーシャルメディアを活用して社会的にインパクトのある目標を達成する戦略や手法が紹介されている良書です。

　実は具体的な事例の一つとして、同じくインド系の若い起業家と医師の2人が白血病と診断され、彼らを支援するキャンペーンのケ

ースが紹介されています。ソーシャルメディアを活用することで、3ヵ月弱の間に約3500人のボランティアが協力し、約2万5000人の新規ドナー登録を得ることに成功し、2人とも骨髄移植に成功したケースは驚くばかりです。

　残念ながら2人は手術の翌年、帰らぬ人となりました。ただ、この2人を助けようとした活動は、米国内の南アジア系の人々の骨髄バンク登録者数を倍増させ、骨髄提供という行為に対し、多くの人に認識の変化をもたらしたのです。

　ソーシャルメディアの活用に関してはモノやサービスを売る為のマーケティング活動のみならず、こうした人の命を救うことに対しても、大きなインパクトをもたらし得るということを、グプタ氏、そして数多くの彼の支援者の試みは示しています。

　日本国内での医療分野、難病を患った患者さん支援の分野でのソーシャルメディア活用が今後更に発展していくことを、切に期待します。

追記：グプタ氏を救うためのキャンペーン開始から3ヵ月が過ぎ、ソーシャルメディアを最大限活用し、100回以上の骨髄バンク登録イベントが行われました。その結果、2012年1月、グプタ氏にマッチする骨髄提供者が見つかり、手術を受けることで一命を取り留め、治療を継続することに成功しました。

難病に挑む「eペイシェント(e患者)」という考え方

　自分にとって大切な人が病を患った際、インターネット上で情報を求める人は急速に増加しています。

　そんな中、近年目にした言葉でとても興味深い言葉に「eペイシェント(e患者)」というものがあります(写真1)。様々なインターネット、ソーシャルメディアツールを活用することで、特定の病気、治療方法、薬等に関する情報を探し求め、共有し、時に創造する人のことを指す新しい言葉です。「e」の指す意味には「eメール」のような「電子的(デジタル)な」、の他に、「equipped(備えのある)」、「engaged(積極的に関与している)」「empowered(力づけられた)」「enabled(使用可能な)」という意味も込められています。

　情報を積極的に探し出す患者さんという意味のみならず、お互いに自分自身の医療データや体験談を共有することで相互に助け合う、という点においても、非常に画期的な動きとして、欧米を中心に注目されている考え方と言えます。

　「eペイシェント」の語源として広く読まれている文書として「eペイシェント白書」(2006年)があります。自身も「eペイシェント」であった米国の医師トム・ファーガソン氏らによって執筆されたこの白書は、後に相互支援非営利団体の「Society of Participatory Medicine(参加型医療協会)」を生み出すきっかけとなり、白書自体も2011年11月にはスペイン語版の翻訳が公開され、世界的にムーブメントとしての広がりを見せつつあります。

　その中で、「eペイシェント」ムーブメントの中心的存在の一人で

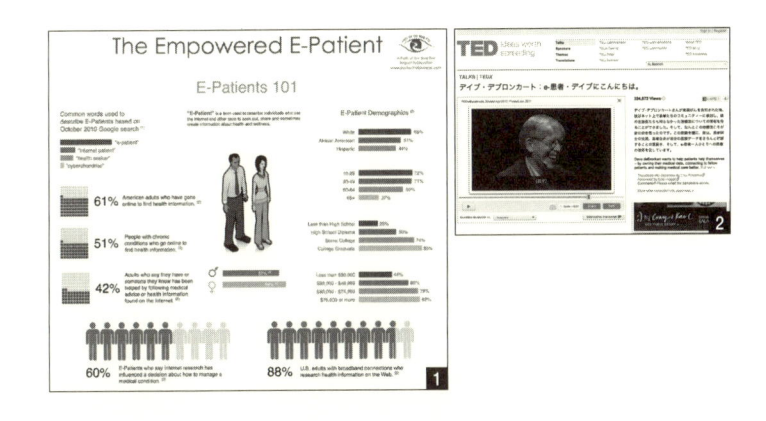

あり、癌サバイバー（生存者）として精力的に執筆、講演活動をしているデイブ・デブロンカートさん（愛称"eペイシェント"・デイブさん）の話をご紹介します（写真2）。

ソーシャルメディアが生んだ奇跡

　デイブ・デブロンカートさんは2007年1月、当時56歳の時に突然医師からステージ4の末期の腎臓癌を患っていることを告げられました。医師から余命24週間とも告げられたところから、彼の人生は大きく変わることになりました。

　デイブさん自身は名門MIT（マサチューセッツ工科大学）を卒業し、IT系企業に長年勤めていたこともあり、コンピュータを当然のように使い、そしてインターネットを使えば見つけられないものはない、と信じていた程でした（実際デイブさんは現在の結婚相手をインターネット上で見つけたこともよく講演で冗談として自慢する程です）。

　そんな彼はインターネットの検索に没頭し、そして患者同士が情報を提供し合う支援サイト「ACOR.org(Association of Cancer

Online Resources)」を通じて見つけたのは、担当医も知らなかったような治療法、そしてその治療を提供している4人の医師の名前と電話番号でした。

　結果、そこで得られた新しい治療法に助けられ、その間自身の診察データもブログ上に公開しながら担当医と治療を続け、1年半後には完治に成功するという素晴らしい成功物語がもたらされることになりました。

　突然の癌宣告から5年目を迎えたデイブさんは、今では自身のブログに「eペイシェント・デイブ」と名付け情報を発信しつつ、2009年には「Society of Participatory Medicine」を共同創設、共同会長に就任、2010年には体験談をまとめた書籍『Laugh, Sing and Eat Like a Pig〜How an Empowered Patient Beat Stage IV Cancer（豚のように笑い、歌い、食べよ〜力を得た末期癌患者がいかに癌を克服したか）』（未邦訳）を出版するなど、活動家として精力的な活躍を続け、多くの人から尊敬を集めています。

　日本では、一般的なインターネットの活用は進んではいるものの、専門的な医療機関からの信頼のおける情報発信はまだ欧米に比べ進んでいるとは言い難い状況です。また、患者さん同士の実名による情報発信はプライバシーの心配等から量、質においても改善の余地が多くあるように見受けられます。私はデイブさんの講演を観たりブログを読んだりして、「eペイシェント」の考え方、そしてムーブメントに新たな医療の可能性を感じます。世界的なブログ大国であり、先端医療の技術を持つ日本であるからこそ、その可能性はさらに大きいものになると信じています。

315

おわりに

　本書を最後までお読み頂き、有り難うございました。
　中東で起こった一連の民主革命や東日本大震災などを経て、社会をよくするためのソーシャルメディアの活用が進んでいるということに何となく気づいていた方も多いと思います。ただ、今回こうして一冊の本としてまとめて俯瞰頂くことで、如何に数多くの変化が私たちの生活のあらゆる場面に影響を及ぼしつつあるか、ということを感じて頂けたのではないでしょうか？

　困ったことがあります。
　この変化はとどまることを知らず、今後ますますスピードを増して私たちの生活やビジネスに影響が及ぶことになりそうだからです。今回の編集作業を通じてそのことを強く感じました。私たちは心してそうした変化に適応し、学習し続けなければなりません。
　たった2年前に書いた原稿の内容に大きく修正を施す作業が、ほぼ全ての記事において必要となりました。記事執筆当初に取り上げた人物の転職、別のスタートアップの立ち上げ、あるいはサービスの停止、買収、吸収等。あるいは売上高やサイトへの登録者数が数倍から10倍以上にまで増えているようなケースも数多くありました。本書の中では出来るだけ記事で取り上げた当時の意義、インパクトを残しつつ、可能な限り現在の時間軸でも意味ある内容となるよう、編集作業を心がけました。

朗報があります。

　本書で取り上げた数多くの事例は、この2年間だけでも確実にグローバルな広がりを見せつつあります。来るべき社会、ビジネス、働き方の未来予想図を本書の事例を通じ摑んで頂き、これからのダイナミックに変化する時代を生きる道標にして頂けたら幸いです。一歩先のビジネスのあり方、生き方、働き方を先取りして頂けるかもしれません。

　例えば、本書でご紹介している災害対策のクライシス・マッピング・サービス(ウシャヒディ)やコワーキング・スペース等は、最初に記事で取り上げた際にはあまり日本で話題になっていないキーワードでした。それがたった2年の月日を経ただけで、いずれも日本社会の中で認知される事象となってきました。2010年8月に初めてウシャヒディの記事を書いた際、「この記事が政府や民間企業で防災に取り組むしかるべき方の目に触れますように」と祈るような想いを込めたことを思い出します。

　その想いは、特に東日本大震災勃発直後にウシャヒディが世界中の数多くのボランティアにより活用されたことを踏まえ、一層強まりました。同じことが医療、教育、行政、NPO、企業の社会貢献マーケティング等の記事を書く際にも当てはまります。海外の報道記事やインタビュー動画を丁寧に読み込みながら、日本で生活し働く私たちの一歩先の将来にとって、少しでも役に立つと思われる情報を、今後も伝えていきたいと思います。一方で、日本で起きている素晴らしい出来事を英語で海外に発信することに

も、いずれ取り組んでみたいと思います。

　最後になりますが、講談社「現代ビジネス」での連載の機会を頂き、ウェブ連載時に何度も修正やアドバイスを通じ、執筆経験のない私をここまで育ててくださった講談社第一編集局の戸塚隆様に深く感謝致します。体を張って新しいジャーナリズムを追求されている現代ビジネス瀬尾傑様、そして本書の編集を担当してくださった伊藤亮様、中川英祐様のプロフェッショナルな仕事の進め方にも深く御礼申し上げます。

　また、ウェブでの連載をいつも楽しみに読んでくださっていた読者の方々、コメントやフィードバックを寄せてくださった方々、友人・知人にも、この場をお借りして感謝申し上げます。いつも迷惑ばかりかけてきた浜松の両親にも感謝の気持ちで一杯です。

　「はじめに」でお伝えした通り、私自身も日々激しく変化する社会の中で、手探りでこの「ソーシャルグッド」の意味付けを試みている途上です。是非感想、フィードバック等、右の連絡先までお寄せ頂き、共に議論を深めていくことができたら、これに勝る喜びはありません。

　どうも有り難うございました。

2012年6月　市川裕康

319

著者　市川裕康
　　　http://www.socialcompany.org
　　　hiroyasu.ichikawa@socialcompany.org
　　　Twitter @socialcompany

装幀　中川英祐（有限会社トリプルライン）
編集　伊藤　亮

※本書は講談社が運営する「現代ビジネス」の企画「ソーシャルビジネス最前線」
　掲載原稿を大幅に加筆、修正したものです。
※文中に掲載されている通貨表記は、
　　1ドル＝80円、1ユーロ＝100円、1ポンド＝125円で換算しています。

現代プレミアブック
Social Good 小事典
ソーシャル　グッド　しょうじてん

2012年7月31日　第1刷発行
著　者　市川裕康
　　　　いちかわひろやす
発行者　持田克己
発行所　株式会社 講談社
　　　　〒112-8001 東京都文京区音羽 2-12-21
　　　　編集部　03-5395-3762
　　　　販売部　03-5395-4415
　　　　業務部　03-5395-3615
印刷所　凸版印刷株式会社
製本所　大口製本印刷株式会社

定価はカバーに表示してあります。本書のコピー、スキャン、デジタル化等の無断複製は著作権法上での例外を除き禁じられています。本書を代行業者等の第三者に依頼してスキャンやデジタル化することはたとえ個人や家庭内の利用でも著作権法違反です。落丁本、乱丁本は購入書店名を明記のうえ、小社業務部あてにお送りください。送料小社負担にてお取り替えいたします。なお、この本についてのお問い合わせは第一編集局あてにお願いいたします。

©Hiroyasu Ichikawa 2012, Printed in Japan
ISBN978-4-06-295074-9 N.D.C.361 319p 19cm